新形态立体化精品系列教材

Excel

立体化项目教程

Excel 2016 | 微课版

陈波 李德久 / 主编

陈君 颜耀懿 赵桢 / 副主编

U0265124

人民邮电出版社

北 京

图书在版编目（ＣＩＰ）数据

Excel立体化项目教程：Excel 2016：微课版 / 陈波，李德久主编. -- 北京：人民邮电出版社，2023.8
新形态立体化精品系列教材
ISBN 978-7-115-60235-0

Ⅰ．①E… Ⅱ．①陈… ②李… Ⅲ．①表处理软件－高等职业教育－教材 Ⅳ．①TP391.13

中国版本图书馆CIP数据核字(2022)第188227号

内 容 提 要

本书主要讲解如何使用 Excel 2016 制作各类办公表格，包括 Excel 2016 基础知识，以及 Excel 2016 在日常办公、行政管理、档案管理、人事招聘、薪酬管理、采购管理、销售管理、生产控制、财务报表、财务分析领域的应用等，最后一个项目为 Excel 2016 的综合实例。

本书由浅入深、循序渐进，采用项目式教学，以"情景导入→任务目标→相关知识→任务实施→实训→常见疑难问题解答→拓展知识→课后练习"的结构进行讲解。全书通过大量的案例和练习，着重培养学生的实际应用能力，并将职业场景引入课堂教学，让学生提前进入工作角色。

本书适合作为高等院校、职业院校计算机办公相关课程的教材，也可作为办公人员的工具用书，同时还可供 Excel 2016 初学者自学使用。

◆ 主　编　陈　波　李德久
　　副主编　陈　君　颜耀懿　赵　桢
　　责任编辑　马小霞
　　责任印制　王　郁　焦志炜

◆ 人民邮电出版社出版发行　　北京市丰台区成寿寺路 11 号
　　邮编　100164　电子邮件　315@ptpress.com.cn
　　网址　https://www.ptpress.com.cn
　　大厂回族自治县聚鑫印刷有限责任公司印刷

◆ 开本：787×1092　1/16
　　印张：14.5　　　　　　　　2023 年 8 月第 1 版
　　字数：405 千字　　　　　　2024 年 11 月河北第 2 次印刷

定价：59.80 元

读者服务热线：(010)81055256　印装质量热线：(010)81055316
反盗版热线：(010)81055315
广告经营许可证：京东市监广登字 20170147 号

前 言 PREFACE

近年来，我国的高等教育事业获得了长足进步，也取得了令人瞩目的成绩。为了进一步推动高等教育均衡发展，提升高校学生的专业技能与实践能力，高校在课程设置与开发方面也逐渐体现出注重职业能力培养、教学职场化和教材实践化的特点。同时，高校还将素质教育更多地体现在知识层面上，如增加人文素养知识，包括培养学生的家国情怀、团队精神等。但随着计算机软硬件日新月异的升级，市场上很多教材的软件版本、硬件型号，以及教学结构等都已不再适应目前的教授和学习。

鉴于此，我们认真总结已出版教材的编写经验，用了2~3年的时间深入各地调研各类高校的教材需求，组织了一批优秀的、具有丰富的教学经验和实践经验的作者编写了本教材，以帮助高校培养优秀的职业技能型人才。

本着"提升学生的就业能力"的原则，本书在教学方法、教学特点和教学资源3个方面体现出自己的特色。

 教学方法

本书精心设计了"情景导入→任务目标→相关知识→任务实施→实训→常见疑难问题解答→拓展知识→课后练习"的教学结构，首先将职业场景引入课堂，激发学生的学习兴趣；然后在项目的驱动下，贯彻"做中学，做中教"的教学理念；最后有针对性地解答常见问题，并通过课后练习全方位帮助学生提升专业技能。

- **情景导入：** 通过主人公米拉的实习情景引入本项目教学主题，并贯穿于项目的讲解中，让学生了解相关知识点在实际工作中的应用情况。
- **任务目标：** 对本项目中的任务提出明确的要求，并提供最终效果图。
- **相关知识：** 帮助学生梳理基本知识和技能，为后面实际操作奠定基础。
- **任务实施：** 通过操作并结合相关基础知识的讲解来完成任务，在讲解过程中穿插"知识补充""操作提示"两个小栏目。
- **实训：** 结合任务的内容和实际工作需要给出操作要求，提供操作思路及步骤提示，让学生独立完成操作，训练学生的动手能力。
- **常见疑难问题解答：** 精选学生在实际操作和学习中经常会遇到的问题并解答，让学生深入了解一些应用知识。
- **拓展知识：** 讲解完项目的基本知识点后，再深入介绍一些命令或工具的使用。
- **课后练习：** 结合本项目内容给出难度适中的上机操作题，让学生强化巩固所学知识。

 教学特点

本书以"用好Excel 2016"为目标，通过循序渐进的方式帮助学生掌握使用Excel 2016解决常见问题的方法。本书具有以下特点。

（1）立德树人，提高素养

党的二十大报告提出"全面贯彻党的教育方针，落实立德树人根本任务，培养德智体美劳全面发展的社会主义建设者和接班人。"本书精心设计，因势利导，依据专业课程的特点采取了恰当方式自然融入中华传统文化、科学精神和爱国情怀等元素，弘扬精益求精的专业精神、职业精神和工匠精神，培养学生的创新意识，将"为学"和"为人"相结合。

（2）校企合作，双元开发

本书由学校教师和企业工程师共同开发。企业提供真实项目案例，由常年深耕教学一线，有丰富教学经验的教师执笔，将项目实践与理论知识相结合，体现了"做中学，做中教"等职业教育理念，保证了教材的职教特色。

（3）项目驱动，产教融合

本书精选企业真实案例，将实际工作过程真实再现到本书中，在教学过程中培养学生的项目开发能力。以项目驱动的方式介绍知识，激发学生学习的热情。

（4）创新形式，配备微课

本书为新形态立体化教材，针对重点、难点录制了微课视频，可以利用计算机和移动终端学习，实现了线上线下混合式教学。

教学资源

本书的教学资源包括以下两方面的内容。

（1）教学资源包

教学资源包包括书中实例涉及的素材文件与效果文件、各任务实施与上机实训的操作演示视频、PPT教案、教学教案（备课教案、Word文档）和模拟试题库等内容。其中，模拟试题库涉及的题型包括填空题、单项选择题、多项选择题、判断题和操作题等，从中可以自由组合出不同的试卷进行测试，以便老师顺利开展教学工作。

（2）教学扩展包

教学扩展包包括方便教学的拓展资源，以及各种Excel模板素材等。

特别提醒：上述教学资源可访问人邮教育社区（https://www.ryjiaoyu.com）搜索下载。

虽然编者在编写本书的过程中倾注了大量心血，但恐百密之中仍有疏漏，请广大读者批评指正。

编者

2023年1月

目 录 CONTENTS

项目八

生产控制 ············· 166

项目九

财务报表 ············· 177

项目一

日常办公

情景导入

老洪："米拉，最近公司又招聘了一批新员工，你要做好人事信息登记，这样才便于企业了解员工的基本情况。"

米拉："我已经使用Excel 2016软件详细登记了新员工的基本信息，同时也对一些老员工的基本信息及时进行了更新和修订。"

老洪："做得不错，米拉，现在都学会使用Excel 2016来管理员工信息了。"

米拉："不仅如此，我还发现自从学会使用Excel 2016后，办公效率也得到了提高。你看，我还制作了工作任务分配时间表、日程安排表来确保各项工作及时有效推进，并在规定时间内完成既定任务。"

老洪："听你这样说，真为你感到高兴。我来看看你制作的这两个日程安排表和员工信息登记表。"

学习目标

- 掌握数据采集、清洗、输入及编辑的相关操作。
- 掌握单元格、工作表、工作簿的基本操作。
- 掌握美化单元格和数据的方法。

技能目标

- 能使用Excel 2016制作简单的表格。
- 能对表格内容进行适当美化。

素质目标

培养学生自主学习、自觉学习的能力，能主动总结好的学习经验和学习方法，并将其灵活运用到工作和学习中。

任务一　制作工作任务分配表

制作工作任务分配表是为了让员工有目的地完成公司分配的任务，同时也让公司清晰地了解每一位员工的工作情况和工作效率。通过该表格，管理者可以将工作任务分解成一个个具体的工作事项进行分配，这样不仅有助于优化资源、调动员工的积极性，还能提高工作任务的完成效率。

一、任务目标

公司成立十周年了， 为了迎接这一重要时刻，公司决定在7月1日举办十周年庆典活动。为了保证庆典活动顺利开展，老洪特意拟订了一份工作任务分配表，让米拉将其制作成电子表格，效果如图1-1所示，以方便员工查看任务，并在规定时间内完成既定目标。

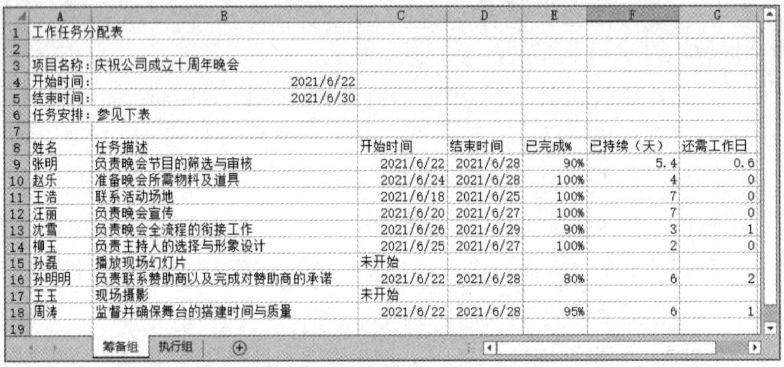

	A	B	C	D	E	F	G
1	工作任务分配表						
2							
3	项目名称：	庆祝公司成立十周年晚会					
4	开始时间：	2021/6/22					
5	结束时间：	2021/6/30					
6	任务安排：	参见下表					
7							
8	姓名	任务描述	开始时间	结束时间	已完成%	已持续（天）	还需工作日
9	张明	负责晚会节目的筛选与审核	2021/6/22	2021/6/28	90%	5.4	0.6
10	赵乐	准备晚会所需物料及道具	2021/6/24	2021/6/28	100%	4	0
11	王浩	联系活动场地	2021/6/18	2021/6/25	100%	7	0
12	汪丽	负责晚会宣传	2021/6/20	2021/6/27	100%	7	0
13	沈雪	负责晚会全流程的衔接工作	2021/6/26	2021/6/29	90%	3	1
14	柳玉	负责主持人的选择与形象设计	2021/6/25	2021/6/27	100%	2	0
15	孙磊	播放现场幻灯片	未开始				
16	孙明明	负责联系赞助商以及完成对赞助商的承诺	2021/6/22	2021/6/28	80%	6	2
17	王玉	现场摄影	未开始				
18	周涛	监督并确保舞台的搭建时间与质量	2021/6/22	2021/6/28	95%	6	1
19							

图1-1　工作任务分配表的最终效果

二、相关知识

Excel 2016是一款集电子表格制作、数据统计与分析、图表创建于一体的常用办公软件，使用Excel 2016可以快速创建格式规范的表格、可视化的图表，进行数据计算等。在使用Excel 2016制作表格之前，需要先了解Excel 2016的基础知识。

（一）Excel 2016工作界面

Excel 2016的工作界面主要由快速访问工具栏、标题栏、功能区、工作表编辑区、编辑栏、状态栏、视图栏等部分组成，如图1-2所示。下面讲解各部分的功能。

- **快速访问工具栏。**默认情况下，快速访问工具栏中只显示常用的“保存”按钮、“撤销”按钮和“恢复”按钮。单击“自定义快速访问工具栏”按钮，在弹出的下拉列表中选择相应选项，可将所选选项对应的按钮添加到快速访问工具栏中。
- **标题栏。**标题栏用于显示当前的文档名和程序名等信息，其右侧的“功能显示区选项”按钮用于控制功能区的显示状态，3个“窗口控制”按钮用于控制窗口大小。
- **功能区。**功能区包括8个选项卡，每个选项卡代表Excel 2016执行的一组核心任务，并将任务按功能分成若干个组，如“开始”选项卡中有“剪贴板”组、“字体”组、“对齐方式”组等。但“文件”选项卡与其他7个选项卡不同，单击“文件”选项卡，会显示一些基本命令，包括“信息”“新建”“打开”“保存”等。

图1-2 Excel 2016工作界面

- **工作表编辑区**。工作表编辑区是Excel 2016中编辑数据的主要区域，包括行号、列标、
单元格、工作表标签等，如图1-3所示。行号以"1、2、3"等阿拉伯数字标识，列标以
"A、B、C"等大写英文字母标识。单元格是Excel 2016中存储数据的最小单位，一般情
况下，单元格地址显示为"列标+行号"，如位于D列第2行的单元格可表示为D2单元格。
工作表标签用于显示工作表的名称，默认情况下，一个工作簿只包含一张工作表，并以
"Sheet1"命名，如果用户需要多张工作表，则单击"新工作表"按钮⊕新建工作表，每
单击一次可新建一张工作表。

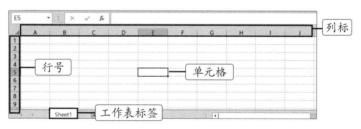

图1-3 工作表编辑区

- **编辑栏**。编辑栏用于显示和编辑当前活动单元格中的内容，默认情况下，编辑栏包括名称
框、"插入函数"按钮 ƒₓ 和编辑框，如图1-4所示。名称框用于显示当前单元格的地址或函
数名称，如在名称框中输入"C7"后，按【Enter】键可在工作表中选择C7单元格。单击
"插入函数"按钮 ƒₓ 可在表格中插入函数。在编辑框中可编辑输入的内容。

图1-4 编辑栏

- **状态栏**。状态栏位于工作界面最底部的左侧，主要用于显示当前数据的编辑状态，包括
"就绪""输入""编辑"等，其中的内容随操作的不同而改变。
- **视图栏**。视图栏位于工作界面最底部的右侧，包括3个页面视图按钮 ▦ ▤ ▥ 和页面显

示比例滑块- —————|————— + 100% 两部分。单击相应的按钮可将工作表视图模式切换到普通视图模式、页面布局模式和分页预览模式。拖动页面显示比例滑块可放大或缩小工作表编辑区，从而以不同的显示比例查看表格内容。

（二）单元格、工作表与工作簿

单元格、工作表与工作簿是Excel 2016的主要操作对象，也是构成Excel 2016的基础。因此，在使用Excel 2016制作和处理表格之前，首先需要了解单元格、工作表与工作簿的基本含义，这样才能为后面使用表格编辑和处理数据打好基础。

1. 单元格

单元格是Excel 2016中基本的数据存储单元，通过对应的行号和列标进行命名和引用，且列标在前，行号在后，如A1表示A列第1行的单元格。用户可以在单元格中输入文字、数字等，也可以进行计算，单元格中将显示计算结果。单元格四周出现粗线框时，表示该单元格为活动单元格。

知识补充	单元格区域的表示方法
	多个相邻单元格组成的区域称为单元格区域，其表示方法为左上角的单元格名称:右下角的单元格名称，其中冒号需要在英文状态下输入。例如，左上角为B2单元格、右下角为I7单元格的单元格区域可以表示为B2:I7。

2. 工作表

工作表是由行和列交叉排列组成的表格，主要用于处理和存储数据。新建工作簿时，系统自动将工作簿中的工作表命名为"Sheet1"，工作表编辑区中的工作表标签自动显示对应的工作表名称，用户可根据需要重命名工作表。除了可以重命名工作表，还可以对工作表进行选择、插入、删除、移动和复制等基本操作。

- **重命名工作表。**双击工作表标签，当标签名称呈灰底显示时，输入工作表名称，按【Enter】键即可完成重命名工作表的操作。

- **选择工作表。**单击相应的工作表标签即可选择单张工作表。如果在选择第1张工作表后按住【Ctrl】键单击任意一个工作表标签，则可同时选择多张不相邻的工作表；如果在选择第1张工作表后按住【Shift】键单击任意一个工作表标签，则可同时选择这两个工作表标签及其之间的所有工作表。

- **插入工作表。**单击工作表标签右侧的"新工作表"按钮⊕，可在当前工作表的右侧插入一张空白工作表。在工作表标签上单击鼠标右键，在弹出的快捷菜单中选择【插入】命令，将打开"插入"对话框，如图1-5所示。在"常用"选项卡中双击"工作表"选项可创建空白工作表，在"电子表格方案"选项卡中双击某个选项可创建带有模板的工作表。

- **删除工作表。**选择需删除的工作表后，在【开始】/【单元格】组中单击"删除"按钮下方的下拉按钮▾，在弹出的下拉列表中选择"删除工作表"选项即可删除选择的工作表。

- **移动和复制工作表。**在工作表标签上单击鼠标右键，在弹出的快捷菜单中选择【移动或复制】命令，打开"移动或复制工作表"对话框，如图1-6所示。在"工作簿"下拉列表中选择当前打开的任意一个工作簿，在"下列选定工作表之前"列表框中选择工作表移动或复制的位置。若勾选"建立副本"复选框，则会复制所选工作表，若取消勾选"建立副本"复选框，则会移动所选工作表，设置完成后单击 确定 按钮即可移动或复制工作表。

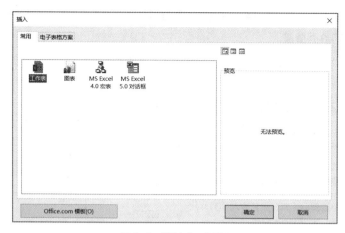

图1-5 "插入"对话框

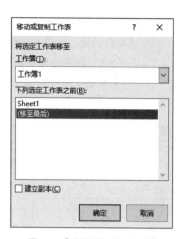

图1-6 "移动或复制工作表"
对话框

3. 工作簿

工作簿用于保存表格中的内容，其文件扩展名为".xlsx"，通常所说的Excel文件就是工作簿。启动Excel 2016后，系统将显示最近使用过的文档信息，同时提供多种新建工作簿的方式，如图1-7所示。双击"空白工作簿"选项，将自动新建一个名为"工作簿1"的工作簿。双击其他样式的工作簿，系统将下载对应的模板，并新建一个对应名称的工作簿，例如，双击"基本个人预算"选项，系统会自动下载该模板，同时新建一个名为"个人预算1"且带格式的工作簿。

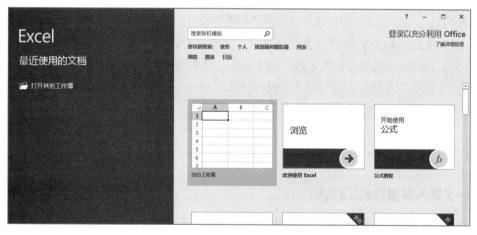

图1-7 启动Excel 2016后的操作界面

（三）各种类型数据的输入

制作表格时会涉及多种类型数据的输入，输入这些数据的方法有以下3种。

- **在编辑栏中输入。** 选择需要输入数据的单元格，将鼠标指针移至编辑栏中并单击，定位插入点，输入所需的数据后按【Enter】键。
- **在单元格中输入。** 在工作表中双击需要输入数据的单元格，此时单元格中显示插入点，直接输入数据后按【Enter】键或单击其他单元格。

- **选择单元格输入。**选择需要输入数据的单元格，直接输入数据并按【Enter】键，若原单元格中有数据，则会被新输入的数据覆盖。

Excel 2016提供文本、小数、分数、百分数、货币、会计专用、日期和时间等各种类型的数据，这些数据的输入方法有所不同，具体输入方法与显示格式如表1-1所示。

表1-1　不同类型数据的输入方法与显示格式

类型	举例	输入方法	单元格显示	编辑栏显示
文本	姓名	直接输入	姓名，左对齐	姓名
小数	5.8	依次输入整数位、小数点和小数位	5.8，右对齐	5.8
分数	$2\frac{1}{5}$	依次输入整数部分（真分数则输入"0"）、空格、分子、"/"和分母	2 1/5，右对齐	2.2
百分数	80%	依次输入数据和百分号，其中百分号利用【Shift+5】组合键输入	80%，右对齐	80%
货币	￥2500	依次输入货币符号、数字	￥2500，左对齐	￥2500
会计专用	￥2500	依次输入货币符号、数字	￥2500，居中	￥2500
日期	2021年8月10日	依次输入年、月、日数据，中间用"-"或"/"隔开	2021/8/10，右对齐	2021/8/10
时间	11:58:20	依次输入时、分、秒数据，中间用半角冒号":"隔开	11:58:20，右对齐	11:58:20

知识补充　　　　　　　　　**输入特殊数据**

无法用键盘输入的数据需要借助"符号"对话框输入。输入特殊数据的方法为：选择要输入数据的单元格，在【插入】/【符号】组中单击"符号"按钮Ω，打开"符号"对话框，在"符号"选项卡或"特殊符号"选项卡中选择所需的符号，然后依次单击 插入(I) 和 关闭 按钮。

三、任务实施

（一）插入并重命名工作表

工作簿默认只包含一张工作表，用户可以根据需要插入多张工作表。此外，为了区分和查找工作簿中插入的多张工作表，可以重命名工作表。插入并重命名工作表的具体操作如下。

（1）单击Windows 10桌面左下角的"开始"按钮▦，选择【开始】/【Excel 2016】命令。

（2）进入Excel 2016工作界面后，在"Sheet1"工作表标签上单击鼠标右键，在弹出的快捷菜单中选择【插入】命令，如图1-8所示。

（3）打开"插入"对话框，在"常用"选项卡中，系统默认选择"工作表"选项，单击 确定 按钮，如图1-9所示。

微课视频

插入并重命名
工作表

图1-8 选择【插入】命令

图1-9 插入工作表

（4）此时，"Sheet1"工作表左侧插入一张空白的"Sheet2"工作表。在"Sheet1"工作表标签上单击鼠标右键，在弹出的快捷菜单中选择【重命名】命令，如图1-10所示。

（5）此时，"Sheet1"工作表标签呈白底黑字的可编辑状态，切换至中文输入法，输入文本"执行组"，按【Enter】键确认输入。

（6）双击"Sheet2"工作表标签，使其呈可编辑状态，输入文本"筹备组"，按【Enter】键确认输入，如图1-11所示。

图1-10 选择【重命名】命令

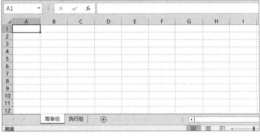

图1-11 重命名工作表

（二）输入数据并将其复制到其他工作表

成功插入并重命名工作表后，即可在表格中输入不同类型的数据，如常用的文本、日期、数值等类型的数据。下面在"筹备组"工作表中输入数据，具体操作如下。

（1）单击"筹备组"工作表标签，在工作表编辑区中选择A1单元格，切换至中文输入法，输入文本"工作任务分配表"，如图1-12所示。

（2）按【Enter】键确认输入后，系统会自动选择A2单元格，再次按【Enter】键选择A3单元格，输入文本"项目名称："，如图1-13所示。

微课视频

输入数据并将其复制到其他工作表

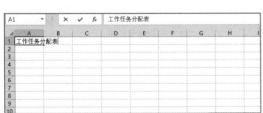

图1-12 输入文本"工作任务分配表"

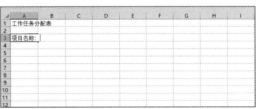

图1-13 输入文本"项目名称："

（3）按【Tab】键选择当前单元格右侧的单元格，输入文本"庆祝公司成立十周年晚会"，如图1-14所示。

（4）按照相同的操作方法，在工作表中输入剩余数据，如图1-15所示。

图1-14　输入项目内容　　　　　　　　　　图1-15　输入剩余数据

（5）在"筹备组"工作表中选择A1单元格，按住【Shift】键单击G18单元格，选择工作表中的所有数据，如图1-16所示。

（6）按【Ctrl+C】组合键或在【开始】/【剪贴板】组中单击"复制"按钮，如图1-17所示，进行数据复制操作。

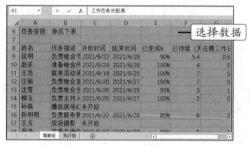

图1-16　选择工作表中的所有数据　　　　　　图1-17　复制数据

（7）单击"执行组"工作表标签，选择A1单元格，按【Ctrl+V】组合键或在【开始】/【剪贴板】组中单击"粘贴"按钮，如图1-18所示，即可完成数据的粘贴操作。

（8）此时，工作表中部分数据显示不全。选择数据未显示完全的单元格，这里选择C9单元格，在【开始】/【单元格】组中单击"格式"按钮，在弹出的下拉列表中选择"自动调整列宽"选项，如图1-19所示。

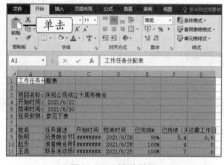
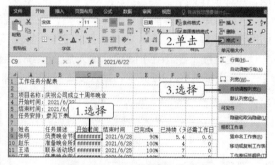

图1-18　粘贴数据　　　　　　　　　　图1-19　自动调整单元格列宽

（9）稍后，所选单元格中的数据将全部显示出来。按照相同的操作方法，将"执行组"和

"筹备组"工作表中未显示完全的数据全部显示出来。

（10）在"执行组"工作表中选择A9单元格，按住【Shift】键单击G18单元格，选择工作表中的所有数据，按【Delete】键将其删除。重新输入数据（具体内容可参考对应的素材文件）后单击"快速访问工具栏"中的"保存"按钮 🖫，如图1-20所示。

（11）打开"另存为"对话框，在"保存位置"下拉列表中选择工作簿的目标保存位置，将"文件名"设置为"工作任务分配表"，单击 保存(S) 按钮，如图1-21所示。（效果所在位置：效果文件\项目一\任务一\工作任务分配表.xlsx。）

（12）此时，Excel 2016工作界面的标题栏名称自动显示为保存的文件名，单击标题栏右侧的"关闭"按钮 ✕，退出Excel 2016。

知识补充　　　　　　**关于保存工作簿的说明**

修改已保存过的工作簿后，退出Excel 2016时系统会自动弹出一个提示对话框。单击 保存(S) 按钮，表示保存修改内容并退出Excel 2016；单击 不保存(N) 按钮，表示不保存修改内容并退出Excel 2016；单击 取消 按钮，表示取消退出操作。

图1-20　单击"保存"按钮

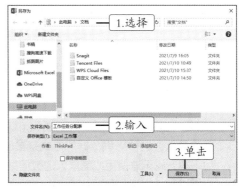

图1-21　设置另存为参数

任务二　编辑员工信息登记表

员工信息登记表可以作为员工岗位调整、选拔聘任、技术等级评聘等的基本依据，因此一定要保证其真实性、准确性和完整性。

要保证数据资料的真实性和准确性，员工信息登记表的编辑人员应采用科学的方法来获取数据，同时要选择恰当的工具对需要登记的数据进行采集、导入、清洗和编辑，这样既能节省时间，又能提升工作效率，降低错误率。

一、任务目标

老洪发现手动采集的数据存在很多错误，于是找到米拉，希望米拉能对手动采集的员工信息进行整理，以此保证数据的准确性和完整性。在对数据进行整理之前，老洪还特意帮助米拉巩固了数据采集、导入、清洗、编辑等相关知识，让米拉对数据的相关操作更加熟悉。本任务完成后的最终效果如图1-22所示。

序号	姓名	性别	身份证号码	生日	所在部门	岗位	入职日期	联系电话1	紧急联系人	联系电话2	家庭住址
					员工信息登记表						
1	张明光	男♂	51010019850412****	4月12日	客服部	客服人员	2021年1月15日	8796****	张军	1351088****	四川成都
2	易磊	男♂	51010019880625****	6月25日	财务部	会计	2021年1月18日	1351233****	李丽华	1300516****	四川成都
3	肖庆林	男♂	51010019861205****	12月5日	销售部	销售员	2021年1月18日	2530****	肖雨	1330281****	四川成都
4	王博	男♂	51010019830618****	6月18日	客服部	客服人员	2021年1月18日	8815****	王藤	1808011****	四川成都
5	沈小雪	女♀	51010419880516****	5月16日	销售部	销售主管	2021年1月18日	1334502****	沈明华	88378****	四川自贡
7	郑明发	男♂	52010419900612****	4月12日	客服部	客服人员	2021年1月18日	8879****	李玉	1354066****	贵州贵阳
8	刘明	男♂	22010019880412****	4月12日	财务部	出纳	2021年1月18日	1354088****	刘一车	1880572****	吉林长春
9	李鑫	男♂	22010019901029****	10月29日	财务部	会计	2021年1月18日	8049****	李梦如	1366800****	吉林长春
10	李忠敏	女♀	22010019861003****	10月3日	客服部	客服人员	2021年1月18日	8565****	李敏佳	8837****	吉林长春
11	李丽	女♀	22010019880714****	7月14日	客服部	客服人员	2021年1月18日	1360054****	张春	2540****	吉林长春
12	韩雨	女♀	22010019910218****	2月18日	销售部	销售人员	2021年1月18日	8865****	李忆君	1304855****	吉林长春
13	陈东	男♂	32010019881012****	10月12日	财务部	会计	2021年1月18日	8896****	王铅	1388009****	江苏南京
14	陈莲	女♀	32010019901205****	12月5日	财务部	财务主管	2021年1月18日	8765****	郭霞	2986****	江苏南京
15	陈大元	男♂	32010019840826****	8月26日	销售部	销售员	2021年1月18日	8654****	陈大林	1336809****	江苏南京
16	沈馨	女♀	32010019881016****	10月16日	客服部	客服人员	2021年1月18日	1320684****	陈旺	1336809****	江苏南京
17	赵丽丽	女♀	51010019880512****	5月12日	客服部	客服人员	2021年1月18日	1808010****	沈悦	1573869****	四川成都
18	肖大林	男♂	51010019881125****	11月25日	客服部	客服人员	2021年1月27日	1569855****	肖凯	1580647****	四川成都

图1-22　员工信息登记表的最终效果

二、相关知识

数据是电子表格处理的核心，用户对表格进行的相关操作都是建立在数据基础上的。因此，学会数据的采集、导入、清洗、编辑等操作是十分必要的，并且数据只有经过编辑与处理之后，才能提供更有价值的信息供企业使用。

（一）数据的采集

采集数据是为了在分析数据时有全面且准确的数据可以使用，确保数据分析的准确性，最终提高表格的编制质量。因此，用户应该重视数据的采集过程，确保采集到符合实际需要的数据。

数据的采集方式应根据数据的呈现方式而定：如果数据以手写方式呈现在纸张上，则可以采取手动录入或扫描识别的方式将数据录入计算机中；如果数据本身就存在于计算机或Internet中，则可以通过下载或复制的方式将其保存到Excel等软件中。

- **手动录入**。这种采集数据的方式是最原始的，不仅效率极低，而且容易出错，仅适合在其他采集方式无法使用或需录入的数据量较少的情况下使用。
- **扫描识别**。扫描识别是指利用扫描仪或手机等智能终端，将纸张上的数据转换成图片的形式并传输到计算机中，然后利用文字识别系统将图片上的内容识别为可以分析的数据。目前比较常见的扫描识别方法是利用手机的拍照功能将纸张上的数据转换成照片并传输到计算机中，然后利用QQ、搜狗输入法等软件中的文字识别功能来识别照片中的数据。
- **下载数据**。在浏览到具有需要采集的数据的网页时，如果该平台允许下载或导出页面中的数据，则往往在页面中会显示与下载或导出相关的超链接或按钮；单击该超链接或按钮，在打开的对话框中设置数据的保存名称和位置，单击 下载 按钮下载数据，如图1-23所示。

图1-23　下载数据

- **复制数据**。如果网页中没有提供下载数据的超链接或按钮，但允许选择并复制数据，则可按住鼠标左键并拖曳鼠标，选择需要采集的数据，然后在所选区域单击鼠标右键，在弹出的快捷菜单中选择【复制】命令，或直接按【Ctrl+C】组合键复制数据。打开Excel

2016，按【Ctrl+V】组合键粘贴数据，如图1-24所示。

图1-24 复制数据至Excel 2016

（二）数据的导入

通过不同方式成功采集数据后，还需要利用相应的数据分析工具对采集的数据进行分析和总结，以便帮助企业分析发展趋势，为战略、投资和营销等决策提供数据支持。

微课视频

数据的导入

Excel 2016不仅可以存储、处理本机的数据，还可以导入来自网站的外部数据。Excel 2016可以导入的数据有多种类型，如Access数据、网站数据及文本内容等。下面介绍利用Excel 2016导入数据的方法，具体操作如下。

（1）启动Excel 2016，在新建的空白工作簿中单击【数据】/【获取外部数据】组中的"自文本"按钮 ⬚。

（2）打开"导入文本文件"对话框，在其中选择文件的保存路径，在中间的列表框中选择要导入的文件，单击 导入(M) 按钮，如图1-25所示。

（3）打开"文本导入向导"对话框，根据向导提示，分3步完成数据导入操作。第1步查看并确认系统默认的原始数据类型，如图1-26所示，确认无误后单击 下一步(N) » 按钮。

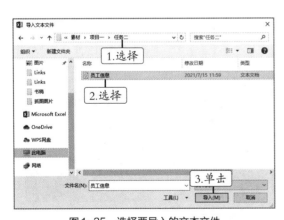

图1-25 选择要导入的文本文件

图1-26 确认原始数据类型

（4）进入第2步，选择分列数据所用的分隔符号，系统默认勾选"Tab键"复选框，单击 下一步(N) » 按钮。

（5）进入第3步，设置好列数据格式后，单击 完成(F) 按钮，如图1-27所示。

（6）打开"导入数据"对话框，"Sheet1"工作表中默认选择A1单元格，单击 确定 按钮，如图1-28所示，将导入数据的放置位置设置为A1单元格。

（7）稍后，文本文件中的数据就被导入"Sheet1"工作表中。

（三）数据的清洗

数据清洗是发现并纠正数据中可识别错误的最后一道程序，是对数据的完整性、一致性和准确性进行重新审查和校验的过程。数据清洗主要用于筛选清除多余、重复的数据，将缺失的数据补充完整，将错误数据修正或者删除。

图1-27　设置列数据格式

图1-28　选择导入数据的放置位置

1. 清除重复的数据

采集的数据量较大时，很可能出现采集到重复数据的情况，特别是手动录入数据，更容易产生重复数据。此时可以利用Excel 2016的删除重复值功能去掉数据中存在的重复记录，具体操作方法为：在【数据】/【数据工具】组中单击"删除重复项"按钮，打开"删除重复项"对话框，在其中勾选重复值所在列对应的复选框，单击 确定 按钮；此时，Excel 2016自动根据设置的列查询是否存在重复值，若有重复值则打开提示对话框，如图1-29所示，单击 确定 按钮完成重复数据清除操作。

图1-29　自动删除表格中的重复值

2. 查找缺失的数据

在Excel 2016中，缺失值常常表示为空值或者错误（#DIV/0!）。此时，可以利用Excel 2016的定位功能，选择其中的空值或错误所在的单元格，以进一步查找到数据中的错误和空值。以查找空值为例，具体操作方法为：打开要处理的电子表格，在【开始】/【编辑】组中单击"查找和选择"按钮🔍，在弹出的下拉列表中选择"定位条件"选项，打开"定位条件"对话框，选中"空值"单选项，如图1-30所示，单击 确定 按钮。

此时，Excel 2016同时选择所有包含空值的单元格，在【开始】/【字体】组中单击"填充颜色"按钮🎨，为这些单元格填充颜色以做标记。对这些空值缺失信息进行补充或修复，完成后按【Ctrl+S】组合键保存表格。

图1-30　查找空值

3. 修正错误数据

无论是复制、下载，还是手动录入、扫描识别等，这些数据采集方式都不能保证数据完全正确。因此用户在采集到数据后，还需要校验数据，然后修正违反逻辑规律的错误数据。如用户年龄300岁，消费金额-50元等，这类数据就有明显的逻辑错误。

在Excel 2016中，可以借助条件格式功能修正错误数据，具体操作方法为：选择工作表中包含数据的单元格区域，在【开始】/【样式】组中单击"条件格式"下拉按钮📋，在弹出的下拉列表中选择"突出显示单元格规则"中的"大于"选项；在打开的"大于"对话框中设置好具体的大于值和填充颜色，单击 确定 按钮。此时，工作表中按设置的格式突出显示大于设定值的错误数据，用户可依次修正这些错误数据。

（四）数据的编辑

编辑数据是制作电子表格的基础操作，常用的数据编辑操作包括填充数据、修改数据、移动与复制数据、删除数据等。下面介绍其操作方法。

- **填充数据**。对于一些有规律的数据，可以利用"自动填充选项"按钮📋进行填充，具体操作方法为：在单元格中输入起始数据后，按住鼠标左键并拖曳该单元格右下角的填充柄┵至目标单元格后释放鼠标左键，单元格右下角出现"自动填充选项"按钮📋，单击该按钮，在弹出的下拉列表中可选择填充类型，如复制单元格、快速填充等。

- **修改数据**。在工作表中选择要修改数据的单元格，将插入点定位到编辑栏中，按住鼠标左键并拖曳鼠标，选择需修改的部分，输入正确数据后按【Enter】键，如图1-31所示。如果要修改单元格中的全部数据，则在选择需修改的单元格后直接输入正确数据，然后按【Enter】键。

图1-31　修改单元格中的部分数据

- **移动与复制数据**。选择需移动或复制数据的单元格，在【开始】/【剪贴板】组中单击"剪切"按钮✂或"复制"按钮📋，然后将鼠标指针定位至目标单元格，在【开始】/【剪贴板】组中单击"粘贴"按钮📋，可成功移动或复制单元格中的数据。

- **删除数据**。在工作表中选择需删除数据的单元格或单元格区域，在【开始】/【编辑】组中单击"清除"按钮🧹，在弹出的下拉列表中选择"全部清除"选项，可将所选单元格或单元格区域中的数据全部删除。

> **操作提示**　　　　　　　　**使用快捷键移动与复制数据**
>
> 　　在工作表中选择需移动的单元格，按【Ctrl+X】组合键，选择目标单元格，按【Ctrl+V】组合键，即可实现单元格中数据的移动操作；选择需复制的单元格，按【Ctrl+C】组合键，选择目标单元格，按【Ctrl+V】组合键，即可实现单元格中数据的复制操作。

三、任务实施

（一）导入文本文件并清洗数据

本任务首先需要将文本文件导入"Sheet1"工作表中，然后利用"删除重复项"按钮对工作表中的数据进行清洗，具体操作如下。

（1）启动Excel 2016，新建一个空白工作簿，单击【数据】/【获取外部数据】组中的"自文本"按钮，如图1-32所示。

（2）打开"导入文本文件"对话框，选择要导入的文本文件"员工信息"（素材所在位置：素材文件\项目一\任务二\员工信息.txt），单击 导入(M) 按钮，如图1-33所示。

微课视频

导入文本文件并清洗数据

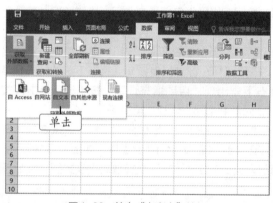

图1-32　单击"自文本"按钮

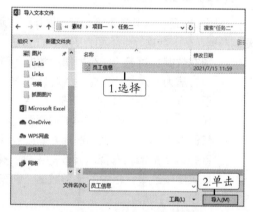

图1-33　选择要导入的文本文件

（3）打开"文本导入向导"对话框，根据向导提示进行设置。这里保持默认设置，依次单击 下一步(N)> 按钮，进入最后一步设置，单击 完成(F) 按钮，如图1-34所示。

（4）打开"导入数据"对话框，在"Sheet1"工作表中选择A2单元格，单击 确定 按钮，如图1-35所示，稍后，导入的文本数据将从A2单元格开始显示在"Sheet1"工作表中。

（5）单击【数据】/【数据工具】组中的"删除重复项"按钮。

（6）打开"删除重复项"对话框，单击 取消全选(U) 按钮，在"列"列表框中勾选"姓名"复选框，单击 确定 按钮，如图1-36所示。

（7）此时，软件自动删除表格中的重复值，并弹出提示对话框，单击 确定 按钮，如图1-37所示，完成数据清洗操作。

图1-34 单击"完成"按钮

图1-35 选择文本数据的显示位置

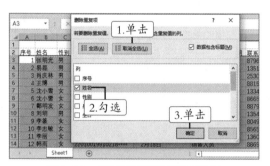

图1-36 勾选要删除重复值的复选框

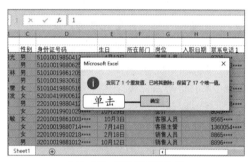

图1-37 确认删除重复值

（二）输入各种类型的数据

不同类型数据的输入方法有所不同，日期类型的数据可直接在单元格中输入，重复的数据可利用拖曳鼠标左键的方式来快速输入，具体操作如下。

（1）在"Sheet1"工作表中选择A1单元格，输入文本"员工信息登记表"，如图1-38所示，按【Enter】键确认输入。

（2）选择A1:L1单元格区域，单击【开始】/【对齐方式】组中的"合并后居中"按钮🔳，在【开始】/【字体】组中的"字号"下拉列表中选择"22"选项，并单击"加粗"按钮 **B**，如图1-39所示。

微课视频

输入各种类型的数据

图1-38 输入文本"员工信息登记表"

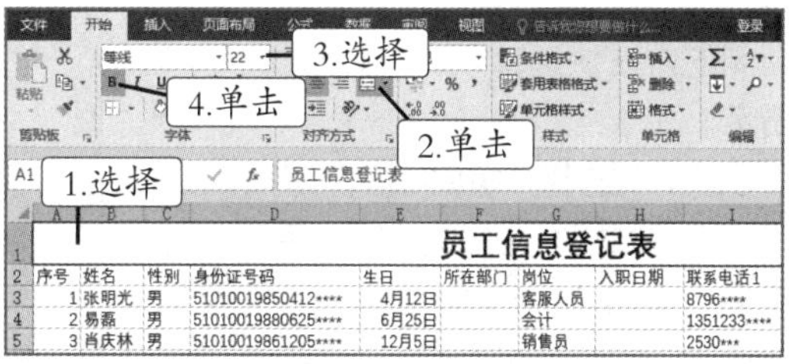

图1-39 设置表头的对齐方式、字号和字形

（3）选择H3单元格，输入日期"2021/1/15"，按【Enter】键确认输入，如图1-40所示。

（4）按照相同的操作方法，分别在H列的其他单元格中输入日期，如图1-41所示。

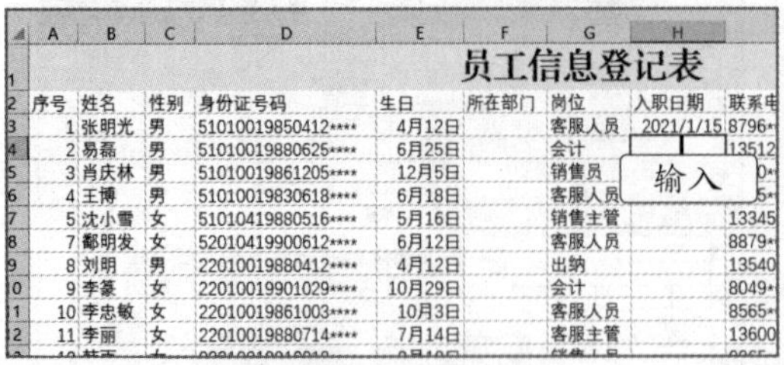

图1-40　输入日期

图1-41　输入其他日期

操作提示　　　　　　　拖曳鼠标快速填充数据

如果在同一列单元格中需要连续输入相同的文本，则可拖曳鼠标实现快速输入，具体操作方法为：在单元格中输入初始文本，将鼠标指针移动到该单元格右下角，当鼠标指针变为╋形状时，按住鼠标左键不放，向下拖曳至目标单元格，如图1-42所示，释放鼠标左键，可快速在所选单元格区域填充相同文本。

图1-42　快速填充相同文本

（5）选择F3单元格，输入文本"客服部"，如图1-43所示，按【Enter】键确认输入。

图1-43　输入文本

（6）在F4:F19单元格区域输入其他文本。对于相同的文本，可采用复制的方法快速输入，效果如图1-44所示。

（7）选择C3单元格，将插入点定位到编辑栏中的文本"男"后面，在【插入】/【符号】组中单击"符号"按钮Ω，如图1-45所示。

（8）打开"符号"对话框，单击"子集"下拉按钮，在弹出的下拉列表中选择"其他符号"选项，在中间的列表框中选择符号"♂"，单击 插入(I) 按钮，如图1-46所示。

图1-44　输入其他文本

图1-45 单击"符号"按钮

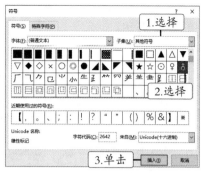

图1-46 选择要插入的符号

知识补充 　　　　　　　**在单元格中输入身份证号**

　　Excel 2016中数值的显示精度为15位，超过15位的数值在单元格中显示为科学计数，而在编辑栏中超过15位的数值显示为0。因此，为了正确显示单元格中的身份证号，在输入时需要添加英文状态下的单引号"'"，然后输入身份证号，如图1-47所示，最后按【Enter】键确认输入。需要注意的是，书稿中显示的身份证号和电话号码有部分内容显示为星号，这是为了保护用户隐私。

先输入单引号再输入身份证号

图1-47 输入身份证号的正确方法

　　（9）单击 关闭 按钮，关闭"符号"对话框。C3单元格中将自动插入所选符号，如图1-48所示。

　　（10）使用相同的操作方法，在文本为"男"的单元格中插入符号"♂"，在文本为"女"的单元格中插入符号"♀"，最终效果如图1-49所示。

图1-48 查看插入符号后的效果

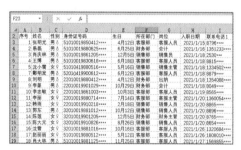

图1-49 最终效果

（三）调整数据显示格式

　　利用"设置单元格格式"对话框，可以设置单元格中的数据显示格式。下面更改"入职日期"所在列中单元格的数据显示格式，具体操作如下。

　　（1）选择H3:H19单元格区域，单击鼠标右键，在弹出的快捷菜单中选择【设置单元格格式】命令，如图1-50所示。

　　（2）打开"设置单元格格式"对话框，单击"数字"选项卡。在"分

微课视频

调整数据显示格式

类"列表框中选择"日期"选项，在"类型"列表框中选择"＊2012年3月14日"选项，如图1-51所示，单击 确定 按钮。

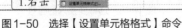

图1-50　选择【设置单元格格式】命令

图1-51　更改日期显示格式

（3）选择A2:L19单元格区域，单击鼠标右键，在弹出的浮动工具栏中单击"居中"按钮，如图1-52所示，将所选数据居中显示。

（4）设置完成后选择【文件】/【保存】命令，保存修改后的工作表，如图1-53所示。单击标题栏中的"关闭"按钮，退出Excel 2016。（效果所在位置：效果文件\项目一\任务二\员工信息登记表.xlsx。）

图1-52　调整数据对齐方式

图1-53　保存工作簿后退出Excel 2016

知识补充　　　　　　　　　　另存工作簿

在制作表格时，为了避免误操作造成数据无法恢复的问题，可以对要编辑的工作簿进行另存操作。具体操作方法为：打开要编辑的工作簿，选择【文件】/【另存为】命令，在打开的"另存为"界面中单击"浏览"按钮，打开"另存为"对话框，在其中设置另存为参数后，单击 保存(S) 按钮，完成另存工作簿操作。

任务三　美化并打印日程安排表

日程安排表是指将日常的工作按照难易程度、紧急情况、时间先后顺序逐一陈列的表格。它一般由表头、行标题、列标题、文字内容等组成。利用日程安排表可以有条不紊地完成工作。

一、任务目标

为了使工作表中各项事宜的条理更加清晰，老洪制订了一份日程安排表，然后让米拉对其进行适当美化并打印。完成该任务需要掌握美化和打印表格的相关知识，包括调整行高和列宽、设置单元格格式、为单元格添加底纹等。本任务完成后的最终效果如图1-54所示。

图1-54　日程安排表的最终效果

二、相关知识

本任务主要涉及表格的美化与打印操作，在完成本任务之前，需要了解相关的美化与打印知识。

（一）数据的美化

数据美化是指对数据的字体、字形、颜色、对齐方式等进行设置，具体操作方法为：选择需要设置的单元格或单元格区域，在【开始】/【字体】组或【开始】/【对齐方式】组中进行设置，如图1-55所示；也可以通过浮动工具栏进行设置，其中部分常用工具的作用如下。

图1-55　"字体"组和"对齐方式"组

- **"字体"下拉列表：**单击其右侧的下拉按钮，在弹出的下拉列表中可以选择想要的字体样式。

- **"字号"下拉列表：**单击其右侧的下拉按钮，在弹出的下拉列表中可以选择想要的字号大小。

- **"加粗"按钮 B：**单击该按钮，可使单元格中的数据加粗显示。

- **"下划线"按钮 U：**单击该按钮，可为单元格中的数据添加下划线；单击其右侧的下拉按钮，可在弹出的下拉列表中选择下划线样式。

- **"下框线"按钮 ⊞：**单击该按钮，可以为单元格添加边框样式；单击其右侧的下拉按钮，可在弹出的下拉列表中选择边框样式，也可以选择手动绘制边框样式。

- **"字体颜色"按钮 A：**单击该按钮，将为单元格中的数据设置最近一次应用的字体颜色；单击其右侧的下拉按钮，可在弹出的下拉列表中为所选数据设置其他颜色。

- **"填充颜色"按钮 ◇：**单击该按钮，将为单元格中的数据设置最近一次应用的填充颜色；单击其右侧的下拉按钮，可在弹出的下拉列表中为所选数据设置其他填充颜色。

- **"合并后居中"按钮 ▤：**单击该按钮，可将所选单元格区域合并为一个单元格，同时将单元格中的数据居中显示；单击其右侧的下拉按钮，可在弹出的下拉列表中选择其他的合并方式，或取消单元格合并。

（二）单元格的美化

为了让工作表更加专业和美观，可以适当美化单元格，涉及的操作包括为单元格添加边框和底纹、设置文本对齐方式等，具体操作方法为：选择需美化的单元格或单元格区域，在【开始】/

【字体】组中单击右下角的"对话框启动器"按钮 🖬，打开"设置单元格格式"对话框，在其中可对单元格边框、填充颜色、图案、对齐方式等进行设置，完成后单击 确定 按钮。

（三）工作表打印

在工作中有时会打印工作表。在打印之前，需要对即将打印的工作表进行设置，包括设置页面、页边距、页眉、页脚，以及打印区域等。设置打印参数的大部分工作都可以在"页面设置"对话框中完成，如图1-56所示。各选项卡的作用如下。

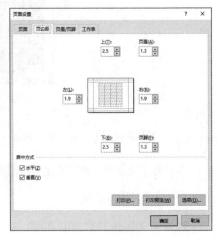

- **"页面"选项卡：**在该选项卡中可设置需打印工作表的纸张方向、纸张比例、纸张大小等参数。

- **"页边距"选项卡：**在该选项卡中可设置工作表数据距离页面上方、下方、左方、右方各边的距离，以及工作表在页面中的居中方式。

- **"页眉/页脚"选项卡：**在该选项卡中利用下拉列表可选择页眉或页脚样式，另外，还可以单击

图1-56 "页面设置"对话框

自定义页眉(C)... 或 自定义页脚(U)... 按钮，在打开的对话框中自定义页眉或页脚样式。

- **"工作表"选项卡：**在该选项卡中可以设置打印区域、打印标题、打印顺序等。

三、任务实施

（一）设置单元格格式

微课视频

设置单元格格式

本任务将通过"设置单元格格式"对话框和【开始】/【字体】组两种方式来设置单元格格式，具体操作如下。

（1）打开素材文件"日程安排表.xlsx"（素材所在位置：素材文件\项目一\任务三\日程安排表.xlsx）。在"2021年8月"工作表中选择A1:H1单元格区域，在【开始】/【对齐方式】组中单击"合并后居中"按钮 🖽，如图1-57所示。

（2）选择A3:A5单元格区域，单击鼠标右键，在弹出的快捷菜单中选择【设置单元格格式】命令，如图1-58所示。

图1-57 合并单元格后居中显示

图1-58 利用快捷菜单打开对话框

（3）打开"设置单元格格式"对话框，单击"对齐"选项卡，在"文本控制"栏中勾选"合

并单元格"复选框，如图1-59所示，单击 确定 按钮。

（4）通过"设置单元格格式"对话框，合并A6:A8单元格区域、A9:A11单元格区域、A13:A15单元格区域，如图1-60所示。

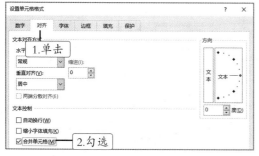

图1-59 设置文本控制方式

图1-60 合并单元格后的效果

（5）选择C2:H2单元格区域，在【开始】/【对齐方式】组中单击"合并后居中"按钮右侧的下拉按钮，在弹出的下拉列表中选择"合并单元格"选项，如图1-61所示，合并所选单元格区域但不改变数据对齐方式。

（6）保持合并单元格的选择状态，在【开始】/【剪贴板】组中单击"格式刷"按钮，将鼠标指针移至工作表区域，此时鼠标指针变为形状。按住鼠标左键从C3单元格开始拖曳鼠标至H15单元格，如图1-62所示，快速应用单元格的合并格式。

图1-61 合并单元格

图1-62 快速应用单元格的合并格式

（7）选择合并后的A1单元格，在【开始】/【字体】组中单击"填充颜色"按钮右侧的下拉按钮，在弹出的下拉列表中选择"深蓝，文字2，淡色40%"选项，如图1-63所示。

（8）在【开始】/【字体】组的"字体"下拉列表中选择"方正兰亭黑简体"选项，在"字号"下拉列表中选择"22"选项。单击"字体颜色"按钮右侧的下拉按钮，在弹出的下拉列表中选择"白色，背景1"选项，如图1-64所示。

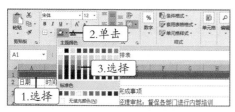

图1-63 设置单元格的填充颜色

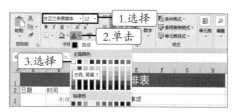

图1-64 设置字体、字号和字体颜色

（9）利用【开始】/【字体】组，将A3:H15单元格区域的填充颜色设置为"深蓝，文字2，淡色40%"，将A2:H2单元格区域的填充颜色设置为"白色，背景1"，效果如图1-65所示。

（10）保持A2:H2单元格区域的选择状态，在【开始】/【字体】组中将该单元格区域的字体格式设置为"方正兰亭黑简体，14"，单击【开始】/【对齐方式】组中的"居中"按钮≡，如图1-66所示。

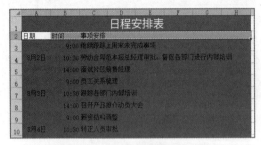
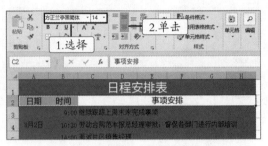

图1-65　单元格填充颜色的效果　　　　图1-66　设置字体、字号和对齐方式

（二）调整行高和列宽

微课视频

调整行高和列宽

在单元格中输入过多数据时，默认大小的单元格并不能显示全部的内容，此时可适当调整单元格的行高或列宽，具体操作如下。

（1）将鼠标指针移至当前工作表第3行的行号上，当鼠标指针变为➡形状时，按住鼠标左键并拖曳鼠标至第15行的行号上，释放鼠标左键。在【开始】/【单元格】组中单击"格式"按钮，在弹出的下拉列表中选择"行高"选项，如图1-67所示。

（2）打开"行高"对话框，在"行高"文本框中输入行高值，这里输入"22"，单击 确定 按钮，如图1-68所示，所选单元格行高将调整为设置的值。

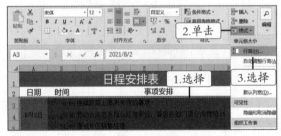
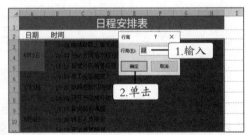

图1-67　选择"行高"选项　　　　　图1-68　输入行高值

操作提示　　　　　　　　　**手动调整行高**

将鼠标指针移至行与行之间的分隔线上，当其变为✛形状时，按住鼠标左键不放上下拖曳分隔线直至适当位置释放鼠标左键，可快速调整单元格的行高。

（3）将鼠标指针移至G列列标上，当其变为⬇形状时，单击以选择该列的所有单元格，如图1-69所示。

（4）在【开始】/【单元格】组中单击"格式"按钮，在弹出的下拉列表中选择"列宽"选项，打开"列宽"对话框。在"列宽"文本框中输入数值"20"，如图1-70所示，单击 确定 按钮调整列宽。

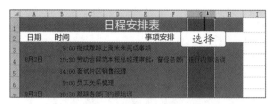

图1-69　选择G列的单元格　　　　图1-70　精确调整列宽

（三）为单元格添加边框和底纹

在单元格中适当填充颜色或底纹，可以使表格数据更加突出。下面为单元格添加边框和底纹两种效果，具体操作如下。

（1）在【开始】/【字体】组中单击"下框线"按钮⊞·右侧的下拉按钮·，在弹出的下拉列表中选择"线条颜色"中的"白色，背景1"选项，如图1-71所示。

（2）单击"下框线"按钮⊞·右侧的下拉按钮·，在弹出的下拉列表中选择"线型"选项，在打开的子列表中选择最后一个线条样式，如图1-72所示。

微课视频

为单元格添加边框和底纹

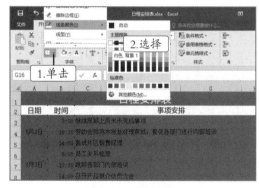

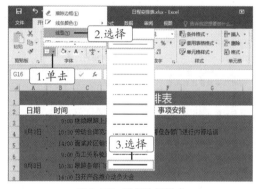

图1-71　选择边框颜色　　　　　　图1-72　选择边框样式

（3）此时鼠标指针变为✐形状，表示启用边框绘制状态。将鼠标指针定位至需要绘制边框的单元格上，这里将鼠标指针定位至第5行与第6行的分隔线上，按住鼠标左键不放并拖曳鼠标绘制单元格的边框，如图1-73所示。

（4）按照相同的操作方法，拖曳鼠标为其他单元格绘制设置好的边框，如图1-74所示。

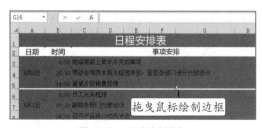

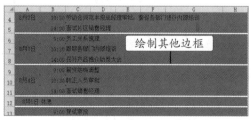

图1-73　手动绘制边框　　　　　　图1-74　绘制其他边框

（5）单击"下框线"按钮⊞·右侧的下拉按钮·，在弹出的下拉列表中选择"线型"选项，在打开的子列表中选择第一个线条样式，如图1-75所示。

（6）拖曳鼠标为A列、第3行、第4行单元格绘制新设置的边框，如图1-76所示。

图1-75　选择边框的线型　　　　　　　　图1-76　手动绘制边框

（7）按照相同的操作方法，拖曳鼠标为其他单元格绘制设置好的边框，绘制完成后，按【Esc】键取消边框绘制状态。

（8）选择A12:H12单元格区域后，按【Ctrl+1】组合键打开"设置单元格格式"对话框。单击"填充"选项卡，在"背景色"栏中选择第二行的最后一个颜色，在"图案颜色"下拉列表中选择"白色，背景色1"选项，在"图案样式"下拉列表中选择第一行的最后一个样式，如图1-77所示。

（9）单击 确定 按钮，返回工作表，查看单元格添加边框和底纹后的效果，如图1-78所示。

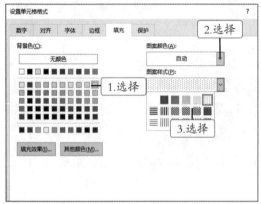

图1-77　设置单元格的底纹样式

图1-78　添加边框和底纹后的单元格

知识补充　　　　　　　　　**利用对话框设置单元格边框**

在"设置单元格格式"对话框中选择"边框"选项卡，在"颜色"下拉列表中可以自定义边框颜色，在"样式"列表框中可以选择边框的线型。另外，单击"预置"栏中的 按钮，可取消所选单元格区域中已添加的所有边框；单击 按钮，可为所选单元格区域的四周添加外边框效果；单击 按钮，可为所选单元格区域的内部快速添加边框效果。

（四）设置内容区域数据格式

下面设置内容区域的数据格式，涉及的操作包括更改字体和字号、设置对齐方式、更改字体颜色等，具体操作如下。

（1）选择A3:B11单元格区域，按住【Ctrl】键和鼠标左键，拖曳鼠标选择A13:B15单元格区域。在【开始】/【字体】组的"字体"下拉列表中选择

微课视频

设置内容区域
数据格式

"思源黑体 CN Heavy"选项，在"字号"下拉列表中选择"14"选项，如图1-79所示。

（2）单击"字体颜色"按钮 **A**，更改文本的颜色为"白色，背景1"，单击【开始】/【对齐方式】组中的"居中"按钮 ☰，如图1-80所示，将文本居中对齐。

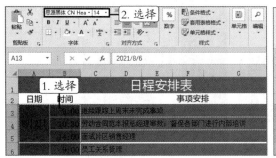

图1-79 设置文本的字体和字号	图1-80 更改文本颜色和对齐方式

（3）选择C3:H11单元格区域，按住【Ctrl】键和鼠标左键，拖曳鼠标选择C13:H15单元格区域，在【开始】/【字体】组中依次单击"字体颜色"按钮 **A** 和"加粗"按钮 **B**，如图1-81所示。

（4）选择A12:H12单元格区域，在【开始】/【字体】组中依次单击"加粗"按钮 **B** 和"倾斜"按钮 **I**，如图1-82所示。

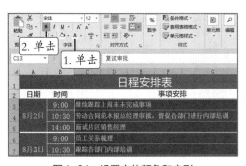

图1-81 设置字体颜色和字形	图1-82 设置字形

（5）选择【文件】/【保存】命令，保存对工作表所做的修改。（效果所在位置：效果文件\项目一\任务三\日程安排表.xlsx。）

（五）选择打印区域并打印工作表

在打印表格时，可根据实际需要只打印表格中的部分内容。下面只打印8月2日到8月4日的日程安排，具体操作如下。

（1）在"2021年8月"工作表中选择A2:H11单元格区域，在【页面布局】/【页面设置】组中单击"打印区域"按钮 🗔，在弹出的下拉列表中选择"设置打印区域"选项，如图1-83所示。

（2）选择【文件】/【打印】命令，打开"打印"界面，在界面的右侧可预览打印效果，在界面的中间可设置打印参数。单击"纵向"按钮 🗐，在弹出的下拉列表中选择"横向"选项，单击下方的"页面设置"链接，如图1-84所示。

（3）打开"页面设置"对话框，单击"页边距"选项卡，在"居中方式"栏中依次勾选"水平"和"垂直"复选框，单击 确定 按钮，如图1-85所示。

微课视频

选择打印区域
并打印工作表

（4）返回"打印"界面，确认打印参数无误后，单击"打印"按钮🖨，如图1-86所示，即可打印选择的工作表区域。

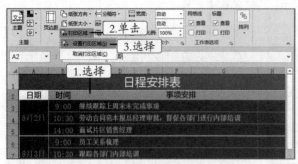

图1-83　设置打印区域

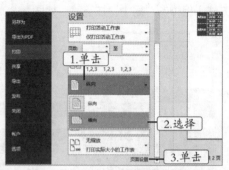

图1-84　更改页面方向

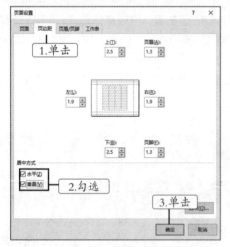

图1-85　设置页边距

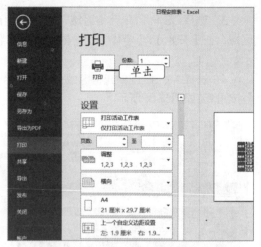

图1-86　打印工作表

操作提示　　　　　　　　　　　　　自定义打印区域

在【页面布局】/【页面设置】组中单击"打印标题"按钮📇，打开"页面设置"对话框，单击"工作表"选项卡，在"打印区域"文本框中输入需打印的工作表区域，单击 打印® 按钮便可自定义打印区域。

实训一　美化奥运奖牌榜表格

【实训要求】

完成本实训需要利用不同的填充颜色来突出显示重要的数据，同时还要熟练掌握设置单元格格式、文本格式和添加边框等操作。本实训完成后的最终效果如图1-87所示（效果所在位置：效果文件\项目一\实训一\奥运奖牌榜.xlsx）。

第31届夏季奥林匹克运动会奖牌榜					
排名	国家/地区	金牌	银牌	铜牌	总数
1	美国	46	37	38	121
2	英国	27	23	17	67
3	中国	26	18	26	70
4	俄罗斯	19	18	19	56
5	德国	17	10	15	42
6	日本	12	8	21	41
7	法国	10	18	14	42
8	韩国	9	3	9	21
9	意大利	8	12	8	28
10	澳大利亚	8	11	10	29

图1-87　奥运奖牌榜表格的最终效果

【实训思路】

完成本实训需要先调整表格的基本框架，然后设置文本格式，最后添加表格边框和底纹，其操作思路如图1-88所示。

① 调整列宽和行高　　　　② 合并单元格并设置文本对齐方式　　　　③ 添加边框和底纹

图1-88　美化奥运奖牌榜表格的思路

【步骤提示】

（1）利用"列宽"对话框，将B列单元格的宽度调整为"12"，利用"行高"对话框，将第一行的行高调整为"38.25"。

（2）选择A1:F1单元格区域，单击【开始】/【对齐方式】组中的"合并后居中"按钮 ⊞，合并所选单元格区域。

（3）选择A2:F22单元格区域，单击【开始】/【对齐方式】组中的"居中"按钮 ≡，使文本在单元格中居中显示。

（4）选择合并后的标题文本，通过【开始】/【字体】组将文本格式设置为"方正粗倩简体，16"。

（5）选择A2:F2单元格区域，在【开始】/【字体】组中设置底纹颜色为"白色，背景1，深色15%"，并将字体格式设置为"黑体，14"。

（6）选择A2:F22单元格区域，在【开始】/【字体】组中为其添加"所有框线"和"粗匣框线"。

实训二　制作端午出行记录表

【实训要求】

要完成本实训需要运用保存工作簿、输入与编辑数据、设置单元格格式等知识。本实训完成后的最终效果如图1-89所示（效果所在位置：效果文件\项目一\实训二\端午出行记录表.xlsx）。

类别	日期	6月12日	6月13日	6月14日	备注
出行记录	出行方式	自驾	自驾	自驾	
	出行路线	北京	北京	北京	
	住宿坐标	洋尔酒店	三佳色酒店	赛特酒店	
	出行坐标	天安门广场、人民英雄纪念碑	卢沟桥	中国人民抗日战争纪念馆	
	返程方式	自驾	自驾	自驾	
体验记录	早上	36.3℃	36.1℃	36.3℃	
	中午	36.5℃	36.2℃	36.3℃	参加活动
	晚上	36℃	36.1℃	36.5℃	

图1-89　端午出行记录表的最终效果

【实训思路】

完成本实训需要先在"Sheet1"工作表中输入相关数据，对于同一行中的相同数据可以用鼠标左键拖曳单元格右下角快速输入，然后设置字体格式和单元格格式，最后添加边框和底纹并保存工作簿，其操作思路如图1-90所示。

① 启动 Excel 2016 后输入数据　　② 设置字体格式和单元格格式　　③ 添加边框和底纹

图1-90　制作端午出行记录表的思路

【步骤提示】

（1）启动Excel 2016，新建一个名为"端午出行记录表"的工作簿，在"Sheet1"工作表中输入相关的数据。

（2）自动调整A～F列单元格的列宽，并将第2~10行的行高调整为"25"，合并表头单元格区域、A3:A7单元格区域，以及A8:A10单元格区域。

（3）设置表头的字体格式为"方正粗倩简体，20"，表格正文的字体格式为"方正准圆简体；14；加粗；白色，背景1"。

（4）利用"设置单元格格式"对话框为A2:F10单元格区域添加"黑色"的外框线、"白色，背景1，深色25%"的内框线。

（5）在按住【Ctrl】键的同时分别选择A2:B10单元格区域和C2:F2单元格区域，单击【开始】/【字体】组中"填充颜色"按钮右侧的下拉按钮▾，将所选单元格区域填充为"茶色，背景2，深色50%"。

（6）按【Ctrl+S】组合键保存工作簿，退出Excel 2016。

常见疑难问题解答

问：在打印表格时，如果不想将单元格底纹打印出来该如何处理？

答：在【页面布局】/【页面设置】组中单击右下角的"对话框启动器"按钮▣，打开"页面设置"对话框，单击"工作表"选项卡，在"打印"栏中勾选"单色打印"复选框，单击 确定 按钮，便可在打印时不打印单元格的底纹。

问：有没有快速填充数据的快捷键呢？

答：有。在工作表中选择要填充数据的单元格，并且要确保所选单元格的四周均包含数据。此时，按【Ctrl+D】组合键可为所选单元格填充与其上方单元格相同的数据；按【Ctrl+R】组合键可为所选单元格填充与其左侧单元格相同的数据，如图1-91所示。

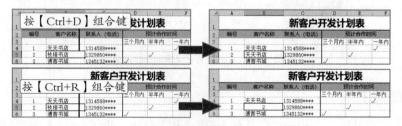

图1-91　利用快捷键填充数据

问：如何设置负数的表示方式？

答：可通过"设置单元格格式"对话框设置，具体操作方法为：打开"设置单元格格式"对话框，单击"数字"选项卡，在"分类"列表框中选择"数值"选项，在"负数"列表框中提供了5种表示负数的方式，一般选择红色字体表示负数。

拓展知识

1. 设置工作表标签颜色

Excel 2016中的工作表标签本身没有颜色，但为了让工作表标签醒目，可以根据实际需求改变工作表标签颜色，具体操作方法为：在工作簿中选择要设置的工作表，单击【开始】/【单元格】组中的"格式"按钮，在弹出的下拉列表中选择"工作表标签颜色"选项，在打开的子列表中选择所需颜色。

2. 自动套用表格格式

如果觉得美化表格操作比较麻烦，且美化效果不太理想，则可直接应用Excel 2016提供的表格样式快速美化整个表格，具体操作方法为：完成表格内容编辑操作后，单击【开始】/【样式】组中的"套用表格格式"按钮，在打开的下拉列表中选择所需表格样式。

3. 自定义工作表数量

新工作簿中默认只有1张工作表，可根据需要更改默认工作表的数量，具体操作方法为：选择【文件】/【选项】命令，打开"Excel 选项"对话框，单击"常规"选项卡，在"新建工作簿时"栏的"包含的工作表数"数值框中输入默认的工作表数量，如图1-92所示，单击 确定 按钮。返回工作表，关闭并重启Excel 2016即可看到设置的效果。

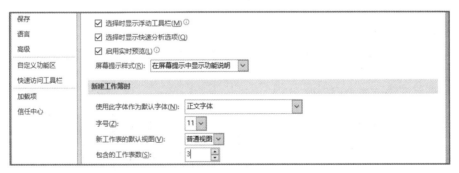

图1-92　自定义工作表数量

4. 撤销与恢复操作

Excel 2016提供的撤销与恢复操作用于纠正错误。通过撤销与恢复操作，用户可以轻松更正表格中的错误修改或还原到修改前的状态。常用的撤销与恢复操作的方法有以下几种。

- 单击快速访问工具栏中的"撤销"按钮可撤销最近的一次操作。
- 按【Ctrl+Z】组合键可撤销最近的一次操作。
- 单击"撤销"按钮右侧的下拉按钮，可在弹出的下拉列表中选择撤销到某一次操作。
- 连续按【Ctrl+Z】组合键可撤销最近的一系列操作。
- 单击快速访问工具栏中的"恢复"按钮可恢复最近的一次撤销操作。
- 按【Ctrl+Y】组合键可恢复最近的一次撤销操作。

- 单击“恢复”按钮右侧的下拉按钮，可在弹出的下拉列表中选择恢复某一次撤销操作。
- 连续按【Ctrl+Y】组合键可恢复最近的一系列撤销操作。

课后练习

练习1：创建图书销售统计表

启动Excel 2016，以“图书销售统计表”为名保存新建的空白工作簿。将“Sheet1”工作表重命名为“2021年8月”，在其中输入数据，对于有规律的数据可以拖曳鼠标进行填充。合并居中相应单元格区域，并设置字体格式和单元格格式，最终效果如图1-93所示（效果所在位置：效果文件\项目一\课后练习\图书销售统计表.xlsx）。

西南地区销售统计

单位：元

序号	名称	单价	销售量	总金额	备注
1	《闪闪的红星》	12.8	15000	192000	2版
2	《小兵张嘎》	18.8	24000	451200	3版
3	《建党群星》	48.8	21000	1024800	2版
4	《可爱的中国》	29.5	12000	354000	2版
5	《红色家书》	22.5	10500	236250	1版
6	《中国精神》	58.8	12000	705600	2版
7	《党史年志》	69.8	5000	349000	1版
8	《从党的诞生地出发》	46.8	8000	374400	1版
9	《图说延安》	28.5	19000	541500	1版

2021年8月

图1-93　图书销售统计表的最终效果

练习2：制作访客登记表

利用Excel 2016制作访客登记表，在制作过程中要善于运用前面介绍的相关知识，如输入数据、合并单元格、套用表格样式、调整列宽等，最终效果如图1-94所示（效果所在位置：效果文件\项目一\课后练习\访客登记表.xlsx）。

访客登记表

序号	来访日期	来访时间	体温	来访人员签字	身份证号码	联系电话	离开时间	备注
1	2021/8/2	10:00	36℃	贾伦	51010019860713****	1356088****	11:00	
2	2021/8/2	11:00	36℃	李炎瑞	51010019801206****	1801570****	11:50	
3	2021/8/2	11:00	36℃	沈雪	51010019831207****	1337052****	11:30	
4	2021/8/2	13:00	36.5℃	陈锐	51030419860713****	1302534****	15:00	
5	2021/8/2	14:30	36℃	张鑫萌	51012919860713****	1558016****	16:45	
6	2021/8/3	9:00	36℃	李致	51010019811107****	1583498****	11:00	
7	2021/8/3	9:30	36℃	艾颖	51010019780613****	1338980****	11:00	
8	2021/8/3	15:00	36℃	舒丽	51010019780618****	1804462****	17:00	
9	2021/8/3	16:00	36℃	庞琪	51012819860713****	1899944****	17:30	
10	2021/8/3	16:20	36.2℃	陈钊琳	51030619860713****	1885426****	17:45	
11	2021/8/4	11:00	36.3℃	王月琳	51030419880718****	1300908****	12:10	
12	2021/8/4	11:09	36.5℃	舒月	51010019810419****	1386390****	12:00	
13	2021/8/4	14:00	36.2℃	庞启	51010019880630****	1381872****	11:48	
14	2021/8/4	15:30	36℃	孙琳琳	51012919801209****	1387354****	17:00	
15	2021/8/4	16:30	36.5℃	赵炎瑞	51012919801009****	1392836****	17:48	

Sheet1

图1-94　访客登记表的最终效果

项目二
行政管理

情景导入

老洪："米拉，你有新招聘的助理小王的电话吗？经理找她有急事。"

米拉："有，我昨天刚好用Excel 2016更新了员工通讯录，里面有公司所有员工的联系方式，我马上就把小王的电话发给你。"

老洪："那太好了。米拉，你现在的工作效率越来越高了，是找到什么好方法了吗？"

米拉："就是Excel 2016啊。现在我的日常办公都是用它，办公用品的采购记录、物资领取记录等也是使用Excel 2016来管理的，既快捷又方便。"

老洪："不错，可以活学活用，难怪效率这么高。"

学习目标

- 掌握模板和批注的使用方法。
- 熟悉冻结与拆分窗口的相关操作。
- 掌握填充数据、查找与替换数据的方法。
- 熟悉创建艺术字和插入图形对象的相关操作。

技能目标

- 能够使用模板创建工作表。
- 能够在表格中添加各种对象。

素质目标

树立正确的价值观，不断提高自己的思想品质，努力提升自己的思辩能力。

任务一 制作物品领用登记表

物品领用登记表主要用于记录被领取物品的去向，该表格一般包括物品名称、数量、领用人、领用时间等内容。通过该表格，物资管理人员可以掌握库存状态，保证物资及时供应，当保管的物品将出现断货或积压严重等情况时，物资管理人员应马上通过报表或其他方式向上级汇报。

一、任务目标

最近一个月，米拉发现办公用品的耗费量大大增加。为了查明原因，老洪建议米拉使用Excel 2016制作一份物品领用登记表，以便清查办公用品的去向。经过两天的资料收集与整理后，米拉将最近领用的物品信息制作成图2-1所示的电子表格。

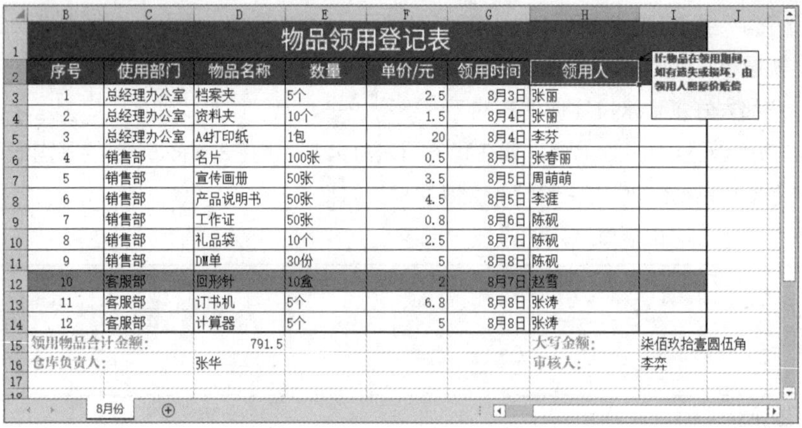

物品领用登记表

序号	使用部门	物品名称	数量	单价/元	领用时间	领用人
1	总经理办公室	档案夹	5个	2.5	8月3日	张丽
2	总经理办公室	资料夹	10个	1.5	8月4日	张丽
3	总经理办公室	A4打印纸	1包	20	8月4日	李芬
4	销售部	名片	100张	0.5	8月5日	张春丽
5	销售部	宣传画册	50张	3.5	8月5日	周萌萌
6	销售部	产品说明书	50张	4.5	8月5日	李涯
7	销售部	工作证	50张	0.8	8月6日	陈砚
8	销售部	礼品袋	10个	2.5	8月7日	陈砚
9	销售部	DM单	30份	5	8月8日	陈砚
10	客服部	回形针	10盒	2	8月7日	赵雪
11	客服部	订书机	5个	6.8	8月8日	张涛
12	客服部	计算器	5个	5	8月8日	张涛

领用物品合计金额：791.5　大写金额：柒佰玖拾壹圆伍角

仓库负责人：张华　审核人：李弈

图2-1　物品领用登记表的最终效果

二、相关知识

本任务的重点是模板的创建与应用，以及批注的使用，在进行实际操作之前需要先了解相关功能的含义和使用方法。

（一）模板的使用

模板是预先设置好的工作表样式，使用时打开所需模板，直接输入相应内容即可，无须再做格式调整。Excel 2016有许多格式的内置模板，若内置模板不能满足用户需求，则用户可以自行创建新的模板。

- **创建模板：**根据实际工作需要设计好表格样式后，在“另存为”对话框中设置模板名称；在“保存类型”下拉列表中选择“Excel模板”选项，单击保存(S)按钮即可创建模板。
- **应用模板：**选择【文件】/【新建】命令，在打开的“新建”工作界面中单击所需模板，在打开的对话框中单击“新建”按钮即可应用所选模板。

（二）认识与使用批注

批注是对表格中的重要或特殊数据进行注释的一种方法。当鼠标指针移至已插入批注的单元格中时，批注会自动显示，默认情况下显示的批注会遮挡其下方的数据。在表格中插入批注的方法很简单，选择要插入批注的单元格，在【审阅】/【批注】组中单击"新建批注"按钮，在插入的批注框中输入批注内容即可。

> **知识补充　　　　　　　　　　编辑批注**
>
> 在已插入批注的单元格中单击鼠标右键，在弹出的快捷菜单中选择【编辑批注】命令，打开批注编辑框，可在其中修改或重新输入批注内容。如果选择【删除批注】命令，则可直接删除单元格中添加的批注。

三、任务实施

（一）创建工作表并保存为模板

制作物品领用登记表首先需要创建表格框架，包括输入数据和设计表格样式，然后将表格保存为模板，具体操作如下。

（1）启动Excel 2016，新建一个空白工作簿，在默认工作表"Sheet1"的B1单元格中输入文本"物品领用登记表"，按【Enter】键确认输入，如图2-2所示。

（2）按照相同的操作方法，在B2:I16单元格区域输入所需文本内容，如图2-3所示。

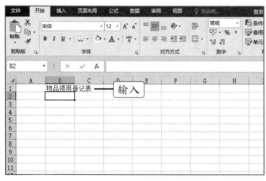

图2-2　输入文本"物品领用登记表"

图2-3　输入其他文本内容

（3）选择B1:I1单元格区域，在【开始】/【对齐方式】组中单击"合并后居中"按钮，在【开始】/【字体】组中将字体格式设置为"思源黑体 CN Normal，22"，如图2-4所示。

（4）在【开始】/【字体】组中通过"填充颜色"按钮右侧的下拉按钮，将B1:I1单元格区域的填充颜色设置为"浅蓝"；通过"字体颜色"按钮右侧的下拉按钮，将该单元格区域的字体颜色设置为"白色，背景1"，如图2-5所示。

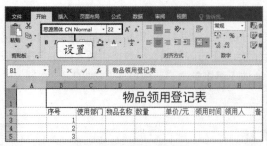

图2-4　设置字体格式

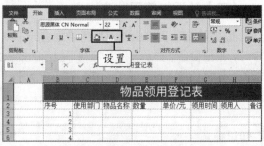

图2-5　设置字体颜色和单元格填充颜色

（5）选择B15单元格，按住【Ctrl】键，依次选择B16、H15、H16单元格。在【开始】/【字体】组中将所选单元格的字体格式设置为"方正中雅宋简体；13；橙色，个性色6"，如图2-6所示。

（6）选择合并后的B1单元格，单击【开始】/【字体】组中的"下框线"按钮□·右侧的下拉按钮▾，在弹出的下拉列表中选择"双底框线"选项，如图2-7所示。

图2-6　设置字体格式

图2-7　为单元格添加双底框线

（7）选择B1:I14单元格区域，单击【开始】/【字体】组中"双底框线"按钮□·右侧的下拉按钮▾，在弹出的下拉列表中选择"所有框线"选项。单击【开始】/【字体】组中"所有框线"按钮田·右侧的下拉按钮▾，在弹出的下拉列表中选择"粗外侧框线"选项，如图2-8所示。

（8）选择B12:I12单元格区域，在【开始】/【字体】组中单击右下角的"对话框启动器"按钮☑，打开"设置单元格格式"对话框，单击"填充"选项卡，将单元格的填充颜色设置为"橙色，个性色6"，效果如图2-9所示。

（9）将鼠标指针定位至B列与C列单元格的分隔线上，当鼠标指针变为✛形状时，按住鼠标左键不放并向右拖曳鼠标，适当增加B列单元格的宽度。按照相同的操作方法，调整表格中其他列的宽度，如图2-10所示。

（10）按住鼠标左键并拖曳鼠标选择第3~14行单元格，在【开始】/【单元格】组中单击"格式"按钮☑，在弹出的下拉列表中选择"行高"选项，在打开的"行高"对话框中输入数值"18"，单击▭按钮，如图2-11所示。

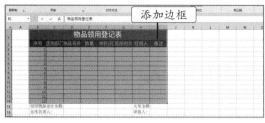

图2-8　设置表格边框

图2-9　设置单元格的填充颜色

图2-10　手动调整表格的列宽

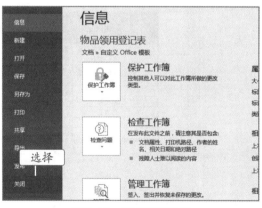

图2-11　精确调整表格的行高

（11）选择B3:B14单元格区域，单击【开始】/【对齐方式】组中的"居中"按钮，将文本居中对齐。选择【文件】/【保存】命令，在打开的"另存为"界面中单击"浏览"按钮。打开"另存为"对话框，在"文件名"文本框中输入文本"物品领用登记表"；在"保存类型"下拉列表中选择"Excel模板"选项，单击 保存(S) 按钮，如图2-12所示。

（12）此时，Excel 2016工作界面中的标题栏显示设置的文件名。选择【文件】/【关闭】命令，如图2-13所示，关闭当前工作簿。

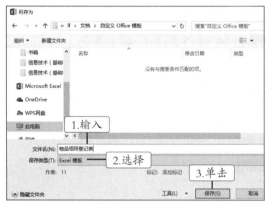

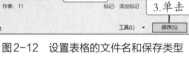

图2-12　设置表格的文件名和保存类型

图2-13　关闭当前工作簿

知识补充　　　　保存模板的注意事项

　　手动创建的工作簿模板可以保存在计算机中的任意位置，但只有将该模板保存在"Templates"文件夹中，并且勾选"我的模板"复选框，才能在打开的"新建"对话框的"个人模板"列表框中直接调用该模板。

（二）应用模板并输入数据

按照实际工作需要创建模板后，可以利用创建好的模板快速新建所需工作表，具体操作如下。

（1）在Excel 2016工作界面中选择【文件】/【打开】命令，单击"浏览"按钮 📁 ，打开"打开"对话框。在"自定义Office模板"文件夹中选择新创建的"物品领用登记表"模板，单击 打开(O) ▾ 按钮，如图2-14所示。

（2）此时，系统根据"物品领用登记表"模板快速创建一个名为"物品领用登记表"的工作簿。将"Sheet1"工作表重命名为"8月份"，如图2-15所示。

图2-14 选择创建好的模板	图2-15 重命名工作表

（3）在"8月份"工作表中输入所需文本内容，如图2-16所示。

图2-16 在表格中输入数据

（三）拆分与冻结窗口

在数据量较大的工作表中拖动垂直滚动条来查看数据时，无法直观地对应表头与列。此时，利用Excel 2016的拆分与冻结窗口功能查看数据，可查看工作表中开头与结尾的对应关系，具体操作如下。

（1）在"物品领用登记表"工作簿的"8月份"工作表中选择要拆分的位置，这里选择B6单元格，在【视图】/【窗口】组中单击"拆分"按钮 ▥ 。

（2）此时，Excel 2016自动在选择的单元格外将工作表拆分为在两个窗口中显示，如图2-17所示。拖动垂直滚动条便可同时查看表头和后面的内容。

微课视频

拆分与冻结窗口

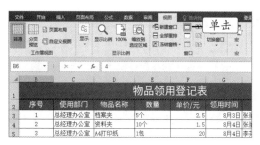

图2-17 拆分窗口

（3）单击"拆分"按钮![ ]，可取消窗口的拆分状态。在"8月份"工作表中选择作为冻结点的单元格，这里选择D6单元格，单击【视图】/【窗口】组中的"冻结窗格"按钮![ ]，在弹出的下拉列表中选择"冻结拆分窗格"选项，如图2-18所示。

（4）此时，D6单元格上方的所有单元格被冻结，并一直保留在原来的位置上，如图2-19所示。再次执行上述操作可取消冻结窗格。

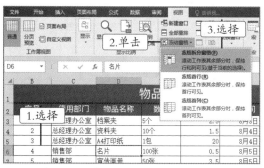

图2-18 选择"冻结拆分窗格"选项　　　　图2-19 查看冻结窗格效果

知识补充　　　　　　　　**拆分与冻结窗口说明**

拆分窗口一般是为了编辑列或者行特别多的表格，使用该方法可以将窗口分成两栏或更多，以便同时观察多个位置的数据。冻结窗格是为了在移动工作表的可视区域时，始终保持某些行或列一直显示在屏幕上原来的位置，以便进行对照或操作，被冻结的部分往往是标题行或列。

（四）为单元格添加批注

当需要对工作表中某个单元格的内容做详细说明时，可以为该单元格添加批注，这样既不影响表格的美观，又能帮助使用者理解单元格的内容。下面在H2单元格中添加批注，具体操作如下。

（1）在"8月份"工作表中选择H2单元格，在【审阅】/【批注】组中单击"新建批注"按钮![ ]，如图2-20所示。

（2）打开批注编辑框，在其中输入所需文本内容。这里输入文本"物品在领用期间，如有遗失或损坏，由领用人照原价赔偿"，如图2-21所示。

微课视频

为单元格添加批注

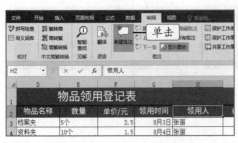

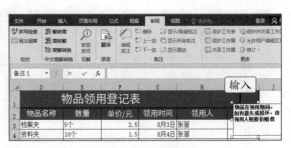

图2-20 单击"新建批注"按钮　　　　　　　　图2-21 输入批注内容

（3）在批注编辑框中按住鼠标左键并拖曳鼠标，选择输入的文本内容，在【开始】/【单元格】组中单击"格式"按钮，在弹出的下拉列表中选择"设置批注格式"选项，如图2-22所示。

（4）打开"设置批注格式"对话框，将所选文本的格式设置为"方正兰亭中黑简体，红色"，如图2-23所示，单击 确定 按钮完成设置。

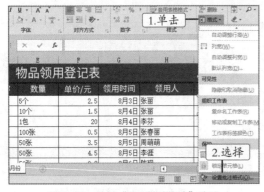

图2-22 选择"设置批注格式"选项　　　　　图2-23 设置批注字体和颜色

（5）单击批注编辑框之外的任意一个单元格即可成功添加批注。查看批注内容只需将鼠标指针移至已插入批注的单元格中稍作停留，Excel 2016将自动弹出批注编辑框并显示相应内容。最后按【Ctrl+S】组合键保存表格。（效果所在位置：效果文件\项目二\任务一\物品领用登记表.xlsx。）

知识补充　　　　　　　　　**显示或隐藏批注内容**

　　插入的批注默认为隐藏状态，但为了掌握表格的详细信息，往往需要显示批注，具体操作方法为：打开已插入批注的工作表，在插入了批注的单元格上单击鼠标右键，在弹出的快捷菜单中选择【显示/隐藏批注】命令。若再次在该单元格上单击鼠标右键，则弹出的快捷菜单中的【显示/隐藏批注】命令变为【隐藏批注】命令，选择该命令可重新隐藏批注。

任务二　制作办公用品采购记录表

　　办公用品采购记录表主要用于登记采购物品的详细信息，如物品名称、单价、数量、供应商等。通过该表格，公司管理人员可以了解具体的采购情况，以便加强对办公用品的管理，进一步规范办公用品领用程序，从而减少办公经费。

一、任务目标

为了加强对办公用品的管理，减少铺张浪费，节约办公成本，老洪安排米拉制作一份办公用品采购记录表，并按照该表格做好详细登记，以便查看。完成该任务需要掌握快速填充数据、查找与替换数据的相关知识。本任务完成后的最终效果如图2-24所示。

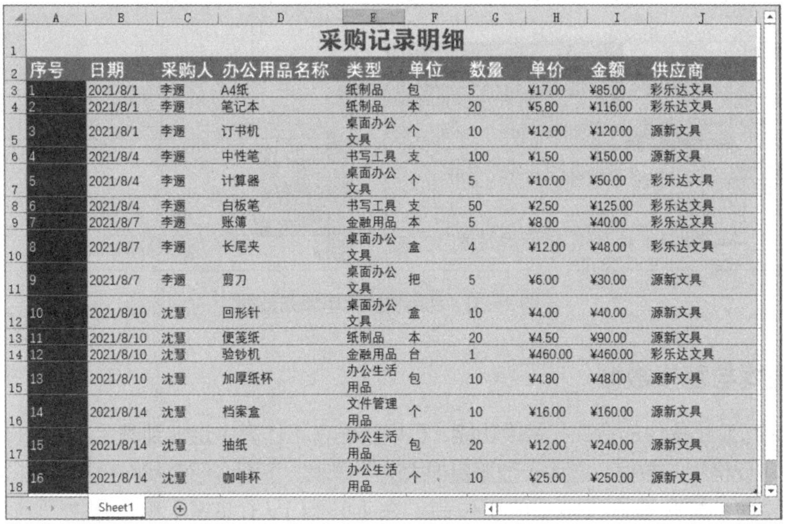

采购记录明细

序号	日期	采购人	办公用品名称	类型	单位	数量	单价	金额	供应商
1	2021/8/1	李逦	A4纸	纸制品	包	5	¥17.00	¥85.00	彩乐达文具
2	2021/8/1	李逦	笔记本	纸制品	本	20	¥5.80	¥116.00	彩乐达文具
3	2021/8/1	李逦	订书机	桌面办公文具	个	10	¥12.00	¥120.00	源新文具
4	2021/8/4	李逦	中性笔	书写工具	支	100	¥1.50	¥150.00	源新文具
5	2021/8/4	李逦	计算器	桌面办公文具	个	5	¥10.00	¥50.00	彩乐达文具
6	2021/8/4	李逦	白板笔	书写工具	支	50	¥2.50	¥125.00	彩乐达文具
7	2021/8/7	李逦	账簿	金融用品	本	5	¥8.00	¥40.00	彩乐达文具
8	2021/8/7	李逦	长尾夹	桌面办公文具	盒	4	¥12.00	¥48.00	彩乐达文具
9	2021/8/7	李逦	剪刀	桌面办公文具	把	5	¥6.00	¥30.00	源新文具
10	2021/8/10	沈慧	回形针	桌面办公文具	盒	10	¥4.00	¥40.00	源新文具
11	2021/8/10	沈慧	便笺纸	纸制品	本	20	¥4.50	¥90.00	源新文具
12	2021/8/10	沈慧	验钞机	金融用品	台	1	¥460.00	¥460.00	彩乐达文具
13	2021/8/10	沈慧	加厚纸杯	办公生活用品	包	10	¥4.80	¥48.00	源新文具
14	2021/8/14	沈慧	档案盒	文件管理用品	个	10	¥16.00	¥160.00	源新文具
15	2021/8/14	沈慧	抽纸	办公生活用品	包	20	¥12.00	¥240.00	源新文具
16	2021/8/14	沈慧	咖啡杯	办公生活用品	个	10	¥25.00	¥250.00	源新文具

图2-24　办公用品采购记录表的最终效果

二、相关知识

数据是构成表格的主要元素，其输入和编辑方法因数据本身的特点而有所不同。下面对一些具有一定规律的数据（如“星期一、星期二”），以及快速修改数据的操作方法进行详细讲解。

（一）什么是“有规律的数据”

有规律的数据是指具有相同变化规则的一组数据，可以是文本，也可以是数字，如“XC-01、XC-02、XC-03”等。手动输入这些数据既费时又费力，因此可利用Excel 2016的快速填充数据功能来输入此类数据。

- **利用对话框填充数据：** 在起始单元格中输入起始数据，在【开始】/【编辑】组中单击“填充”按钮，在弹出的下拉列表中选择“序列”选项，打开“序列”对话框；在其中设置序列所在位置、步长值、终止值等参数，单击确定按钮完成填充。
- **快速填充相同数据：** 在起始单元格中输入起始数据，将鼠标指针移至该单元格右下角，当鼠标指针变为**+**形状时，按住鼠标左键并拖曳鼠标至所需位置，释放鼠标左键，即可在选择的单元格区域中填充与起始数据相同的数据。
- **快速填充序列：** 在起始单元格中输入起始数据，在该单元格的下方或右侧单元格中输入序列的第二项数据；同时选择这两个单元格，将鼠标指针移至选区右下角，当鼠标指针变为**+**形状时，按住鼠标左键并拖曳鼠标至所需位置，释放鼠标左键，如图2-25所示。

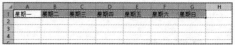

图2-25　快速填充序列

- **利用快捷菜单填充数据：** 在起始单元格中输入起始数据，将鼠标指针移至该单元格的右下角，当鼠标指针变为✚形状时，按住鼠标右键并拖曳鼠标至所需位置，释放鼠标左键，在弹出的快捷菜单中选择一种填充方式，如图2-26所示，完成数据的填充。

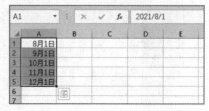

图2-26　利用快捷菜单填充数据

（二）查找与替换数据

使用Excel 2016提供的查找和替换功能，可以快速在工作表中定位到满足查找条件的单元格，并能便捷地替换单元格中的数据，适用于数据量很大的工作表。下面介绍查找与替换数据的操作方法。

- **查找数据：** 打开要查找数据的工作表，在【开始】/【编辑】组中单击"查找和选择"按钮 🔍，在弹出的下拉列表中选择"查找"选项，打开"查找和替换"对话框；在其中输入要查找的数据，单击 查找下一个(F) 按钮，便能快速查找到匹配条件的数据。
- **替换数据：** 利用"查找和替换"对话框，在查找到需替换的数据后，单击"替换"选项卡，在"替换为"文本框中输入需替换的内容；单击 替换(R) 按钮替换符合条件的数据，完成后单击 关闭 按钮，关闭"查找和替换"对话框。

知识补充	逐个或全部查找与替换数据

在"查找和替换"对话框的"查找"选项卡中连续单击 查找下一个(F) 按钮，可逐个查找满足条件的数据，单击 查找全部(I) 按钮可查找所有满足条件的数据。同理，在"替换"选项卡中单击 全部替换(A) 按钮可替换工作表中所有符合条件的数据。

三、任务实施

（一）输入数据后美化工作表

本任务首先新建一个名为"办公用品采购记录表"的工作簿，然后输入相应的数据，最后美化工作表，具体操作如下。

（1）启动Excel 2016，新建一个空白工作簿，在"Sheet1"工作表的单元格中输入相应内容，效果如图2-27所示。（具体内容可通过文档复制，文档所在位置：素材文件\项目二\任务二\办公用品采购记录表.rtf。）

微课视频

输入数据后美化
工作表

（2）选择A1:J1单元格区域，在【开始】/【对齐方式】组中单击"合并后居中"按钮，在【开始】/【样式】组中单击"单元格样式"按钮，在弹出的下拉列表中选择"适中"选项，如图2-28所示。

图2-27　输入数据

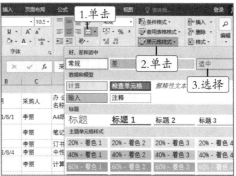

图2-28　设置单元格对齐方式和样式

（3）选择A2:J18单元格区域，在【开始】/【样式】组中单击"套用表格格式"按钮，在弹出的下拉列表中选择"表样式浅色13"选项，如图2-29所示。

（4）打开"套用表格式"对话框，确认应用的单元格区域无误后，单击按钮，如图2-30所示，为表格应用预设样式。

图2-29　选择表格样式

图2-30　确认套用表格格式

（5）选择合并后的A1单元格，在【开始】/【字体】组中将该单元格的字体格式设置为"方正粗黑宋简体，22"，如图2-31所示。

（6）选择A3:A18单元格区域，在【开始】/【字体】组中将填充颜色设置为"蓝色，个性色1，深色25%"，将字体颜色设置为"白色，背景1"，如图2-32所示。

图2-31　设置字体和字号

图2-32　设置填充颜色和字体颜色

（7）利用【开始】/【字体】组，将B3:J18单元格区域的填充颜色设置为"蓝色，个性色1，淡色80%"，将A2:J2单元格区域的字号设置为"16"，如图2-33所示。

（8）将鼠标指针定位至D列单元格右侧的分隔线上，按住鼠标左键并向右拖曳鼠标，适当增加D列单元格的宽度，使其单元格中的文本呈一行显示，如图2-34所示。按照相同的操作方法，增加J列单元格的宽度。

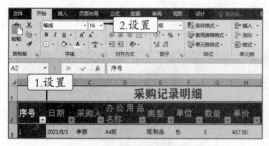

图2-33 设置填充颜色和字号

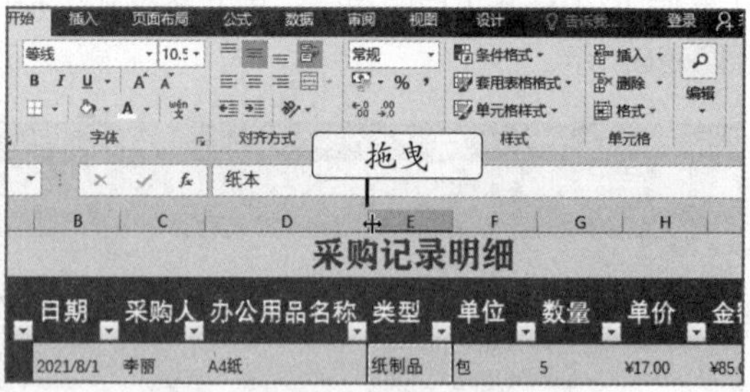

图2-34 手动增加单元格列宽

（9）在【数据】/【排序和筛选】组中单击"筛选"按钮，取消表格的筛选状态。

（二）快速填充有规律的数据

"序号"和"日期"列中要输入的数据具有一定的变化规律，因此，下面利用"序列"对话框和快捷菜单两种方式快速填充数据，具体操作如下。

（1）按住鼠标左键并拖曳鼠标，选择A3:A18单元格区域，在【开始】选项卡中单击"编辑"按钮，在其下拉列表中单击"填充"按钮，在弹出的下拉列表中选择"序列"选项，如图2-35所示。

（2）打开"序列"对话框，在"序列产生在"栏中选中"列"单选项；在"类型"栏中选中"等差序列"单选项；在"步长值"文本框中输入"1"；在"终止值"文本框中输入数值"16"，单击 按钮，如图2-36所示。

微课视频

快速填充有规律的数据

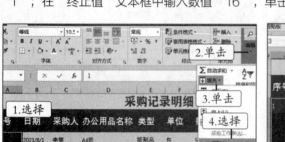

图2-35 选择"序列"选项

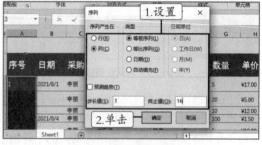

图2-36 设置序列值

（3）选择B3单元格，将鼠标指针定位至B3单元格右下角，当鼠标指针变为╋形状时，按住鼠标右键并拖曳鼠标到B4单元格，释放鼠标左键，在弹出的快捷菜单中选择【复制单元格】命令，如图2-37所示。

（4）按相同的操作方法快速填充该列的其他单元格，如图2-38所示。

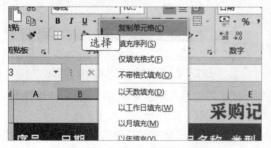

图2-37 利用快捷菜单填充数据

图2-38 快速填充其他单元格

操作提示　　　　　　**利用【Ctrl】键填充有规律的数据**

如果想快速填充具备递增或递减性质的一组数据，则选择起始单元格后，将鼠标指针定位至该单元格右下角，当鼠标指针变为╋形状时，按住【Ctrl】键和鼠标左键向下或向右拖曳鼠标至目标单元格，可填充递增序列。反之，按住【Ctrl】键和鼠标左键向上或向左拖曳鼠标至目标单元格，可填充递减序列。

（三）查找和替换数据

为了快速且准确地将单元格中的数据替换为需要的数据，下面通过"查找和替换"对话框修改数据，具体操作如下。

微课视频

查找和替换数据

（1）在【开始】选项卡中单击"编辑"按钮，在其下拉列表中单击"查找和选择"按钮🔍，在弹出的下拉列表中选择"替换"选项，如图2-39所示。

（2）打开"查找和替换"对话框，在"查找内容"文本框中输入要查找的数据，这里输入文本"李丽"；在"替换为"文本框中输入要替换的数据，这里输入文本"李逦"，单击 全部替换(A) 按钮，如图2-40所示。

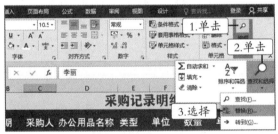

图2-39　选择"替换"选项　　　　　　图2-40　输入查找和替换的数据

（3）系统打开提示对话框，提示替换数据的数量，单击 确定 按钮，关闭提示对话框。返回"查找和替换"对话框，单击 关闭 按钮，如图2-41所示。

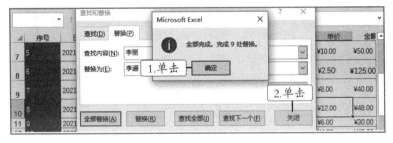

图2-41　替换数据

（4）选择【文件】/【保存】命令，打开"另存为"对话框。将该文件保存在"项目二"文件夹下，命名为"办公用品采购记录表"，单击 保存(S) 按钮，完成操作。（效果所在位置：效果文件\项目二\任务二\办公用品采购记录表.xlsx。）

知识补充 **精确查找与替换数据**

在“查找和替换”对话框中单击选项(I) >>按钮，在展开的参数栏中可以进行更详细的设置。其中，在“范围”下拉列表中可选择需查找的范围；在“搜索”下拉列表中可选择搜索方式，包括“按行”和“按列”两种方式；在“查找范围”下拉列表中可选择需查找的数据类型。

任务三　制作员工通讯录

在网络已经非常发达的今天，公司同事之间的联系非常紧密，如何安全、快捷地保存他们的联系方式呢？这就需要制作员工通讯录，员工通讯录能够详细记录每一位员工的联系信息，便于查找员工信息且不易丢失。

一、任务目标

最近公司的人事架构有较大的调整，有的同事离开了公司，又有新同事加入公司，需要米拉记录下新同事的联系方式与基本信息。为了完成该任务，米拉打算使用Excel 2016制作一份员工通讯录，本任务完成后的最终效果如图2-42所示。

二、相关知识

工作表只记录单一的数据信息会显得十分单调，可以在其中插入图片、图形、艺术字、文本框等对象来美化和突出表格内容。在完成本任务之前，首先需要了解图形对象的用法。

员工通讯录

序号	所在部门	姓名	职位	联系电话	微信昵称	QQ号码
1	销售部	李简	销售员	1332078****	一部李简	5442****
2	销售部	赵明	销售员	1808910****	一部赵明	145865***
3	销售部	沈丽华	销售员	1805742****	二部沈丽华	5443****
4	销售部	张君	销售员	1332574****	二部张君	176166***
5	销售部	王明丽	销售主管	1589406****	销售主客王明丽	54874****
6	销售部	赵军	销售员	1396238****	一部赵军	245767***
7	销售部	钱小丽	销售员	1393070****	一部钱小丽	5445****
8	销售部	孙敬元	销售员	1359902****	二部孙敬元	176168***

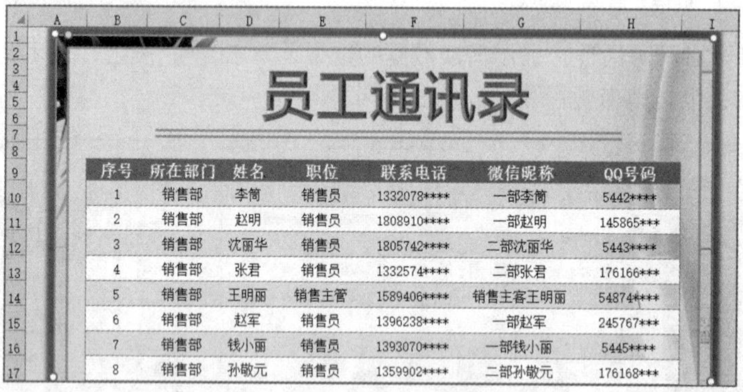

图2-42　员工通讯录的最终效果

（一）插入图形对象

图形对象包括图片、艺术字图形等，在工作表中插入各种图形对象的方法十分相似，都是在“插入”选项卡中选择相应的插入对象来实现。下面介绍3种图形对象的插入方法。

- **插入计算机中的图片：**打开需插入图片的工作表，在【插入】/【插图】组中单击“图片”按钮，在打开的“插入图片”对话框中选择所需图片后，单击插入(S)按钮，完成图片的插入。

- **插入图形：**Excel 2016提供了线条、矩形、基本形状、箭头等不同类型的图形，要插入这些图形，可打开需插入图形的工作表，在【插入】/【插图】组中单击"形状"按钮，在弹出的下拉列表中选择一种图形；选择所需图形后，当鼠标指针变为＋形状时，按住鼠标左键并拖曳鼠标至适当的位置释放鼠标左键，即可绘制出所选图形。
- **插入艺术字：**Excel 2016提供了多种艺术字，要在表格中插入艺术字，可打开需插入艺术字的工作表，在【插入】/【文本】组中单击"艺术字"按钮，在弹出的下拉列表中选择一种艺术字样式；此时出现艺术字文本框，直接在其中输入需要的文本内容即可。

（二）文本框的用法

文本框是一种可灵活移动、可任意调整大小的文字或图形工具，适用于添加注释。Excel 2016提供了横排文本框和垂直文本框，用户可以根据实际需求选择。

在工作表中插入文本框的方法为：打开需插入文本框的工作表；单击【插入】/【文本】组中"文本框"按钮下方的下拉按钮，在弹出的下拉列表中选择一种文本框；当鼠标指针变为↓形状时，单击可插入固定大小的文本框，如图2-43所示；按住鼠标左键不放并拖曳鼠标至适当位置再释放鼠标左键，可插入任意大小的文本框，如图2-44所示；释放鼠标左键后，文本插入点自动出现在文本框中，输入所需文本即可。

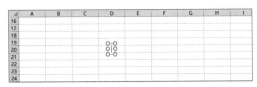
图2-43 插入固定大小的文本框

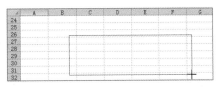
图2-44 插入任意大小的文本框

（三）添加背景

为了提高文档的美观度，可以为工作表添加背景，具体操作方法为：打开要添加背景的工作表，在【页面布局】/【页面设置】组中单击"背景"按钮，打开"插入图片"对话框，其中提供了"从文件""必应图像搜索""OneDrive-个人"3种图片选择方式，根据需要选择所需图片后，即可将图片作为背景添加到工作表中。

三、任务实施

（一）插入艺术字

为了突出表格主题，下面采用插入艺术字的方式来输入标题，并根据需求美化艺术字，具体操作如下。

（1）启动Excel 2016，新建一个空白工作簿，命名为"员工通讯录"，保存在计算机中。

（2）在【插入】选项卡中单击"文本"按钮，在其下拉列表中单击"艺术字"按钮，在弹出的下拉列表中选择"填充-橄榄色，着色3，锋利棱台"选项，如图2-45所示。

（3）插入艺术字文本框，且其中的文本呈选中状态，如图2-46所示。

微课视频

插入艺术字

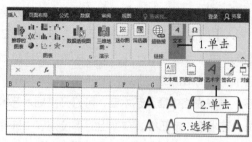

图2-45　选择艺术字样式

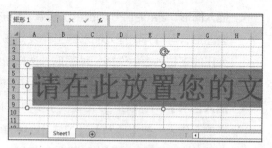

图2-46　插入的艺术字文本框

（4）在【开始】/【字体】组中将字体格式设置为"方正兰亭中黑简体"，在艺术字文本框中输入文本"员工通讯录"，如图2-47所示。

（5）将鼠标指针移至艺术字文本框上，当其变为↖形状时，按住鼠标左键并拖曳鼠标，调整艺术字文本框的位置，如图2-48所示。

图2-47　设置字体格式并输入文本

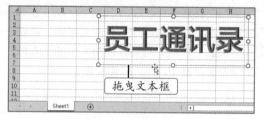

图2-48　调整艺术字文本框的位置

知识补充　　　　　　　　　　　　**美化艺术字**

　　在表格中插入艺术字后，将激活【绘图工具 格式】选项卡，在【绘图工具 格式】/【形状样式】组中可更改艺术字的形状样式，如形状填充颜色、形状轮廓等；在【绘图工具 格式】/【艺术字样式】组中可更改艺术字的样式，如文本填充颜色、文本轮廓等；在【绘图工具 格式】/【大小】组中可设置艺术字的高度和宽度。

（二）添加背景和直线

下面为"员工通讯录"工作簿中的"Sheet1"工作表添加背景和直线，以此实现美化效果，具体操作如下。

（1）在【页面布局】/【页面设置】组中单击"背景"按钮，如图2-49所示。

（2）打开"插入图片"对话框，单击"从文件"选项对应的"浏览"按钮，如图2-50所示。

（3）打开"工作表背景"对话框，在地址栏中选择图片保存位置，在中间的列表框中选择要插入的图片，这里选择"背景"图片，单击 插入(S) 按钮，如图2-51所示。

（4）返回工作表，即可看到添加背景图片后的效果，如图2-52所示。

微课视频

添加背景和直线

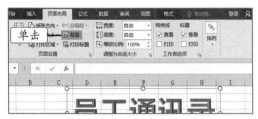

图2-49 单击"背景"按钮

图2-50 单击"浏览"按钮

图2-51 选择作为工作表背景的图片

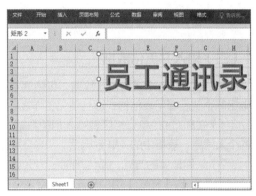

图2-52 查看添加背景后的效果

（5）在【视图】选项卡中单击"显示"按钮，在其下拉列表中取消勾选"网格线"复选框，如图2-53所示。

（6）在【插入】选项卡中单击"插图"按钮，在其下拉列表中单击"形状"按钮，在弹出的下拉列表中选择"线条"栏中的"直线"选项，如图2-54所示。

图2-53 取消勾选"网格线"复选框

图2-54 选择直线

（7）此时，鼠标指针变为十形状，按住【Shift】键和鼠标左键并拖曳鼠标，绘制一条直线。释放鼠标左键后，在【绘图工具 格式】/【形状样式】组中单击"形状轮廓"按钮右侧的下拉按钮，在弹出的下拉列表中选择"标准色"栏中的"浅绿"选项。在【绘图工具 格式】/【形状样式】组中单击"形状轮廓"按钮右侧的下拉按钮，在弹出的下拉列表中选择"粗细"选项，在弹出的列表中选择"2.25磅"选项，如图2-55所示。

（8）保持直线的选择状态，依次按【Ctrl+C】和【Ctrl+V】组合键复制绘制好的直线。同时选择两条直线，在【绘图工具 格式】/【排列】组中单击"对齐"按钮，在弹出的下拉列表中选择"左对齐"选项，如图2-56所示。

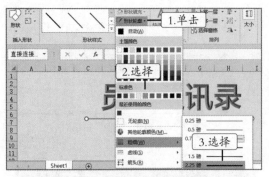

图2-55　设置直线的形状样式　　　　　　　图2-56　调整直线的排列方式

（三）输入并美化数据

在B9:H29单元格区域输入数据，包括序号、所在部门、姓名、职位、联系电话等，然后套用表格格式适当美化工作表，具体操作如下。

微课视频

输入并美化数据

（1）在B9:H29单元格区域输入相关数据，如图2-57所示。为了保护员工的个人信息，表格中的"联系电话""QQ号码"的部分数字用星号代替。

（2）采用拖曳的方式，适当增加E～H列的列宽。选择B9:H29单元格区域，在【开始】/【样式】组中单击"套用表格格式"按钮，在弹出的下拉列表中选择"表样式浅色11"选项，如图2-58所示。

图2-57　输入相关数据　　　　　　　　　图2-58　选择套用的表格格式

（3）打开"套用表格格式"对话框，保持默认设置，单击 确定 按钮。

（4）返回工作表，在【开始】/【对齐方式】组中单击"居中"按钮。选择B9:H9单元格区域，在【开始】/【字体】组中单击"填充颜色"按钮右侧的下拉按钮，在弹出的下拉列表中选择"标准色"栏中的"绿色"选项，如图2-59所示。

（5）在【开始】/【字体】组中单击"填充颜色"按钮右侧的下拉按钮，为表格中"序号"为双数的单元格区域填充"主题颜色"栏中的"白色，背景1"，如图2-60所示。

图2-59　设置单元格对齐方式和填充颜色　　　图2-60　设置单元格填充颜色

（6）在【开始】/【字体】组中将表头字号设置为"14"。利用"行高"对话框，将第10～29行单元格的行高设置为"22"，如图2-61所示。

（7）选择插入的艺术字，在【开始】/【字体】组中将字号设置为"48"。选择两条直线，通过【绘图工具 格式】选项卡中的"大小"按钮，将直线宽度设置为"14.7厘米"，并适当缩小两条直线之间的距离，如图2-62所示。

图2-61　设置字号和行高　　　　　　　图2-62　调整艺术字字号、直线宽度及其之间的距离

（四）绘制并编辑形状

为了增强表格的视觉冲击感，下面添加"图文框"形状来美化工作表，具体操作如下。

（1）在【插入】选项卡中单击"插图"按钮，在弹出的下拉列表中单击"形状"按钮，在弹出的下拉列表中选择"基本形状"栏中的"图文框"选项，如图2-63所示。

（2）当鼠标指针变为十形状时，按住鼠标左键并拖曳鼠标至适当的位置，释放鼠标左键，绘制一个图文框，如图2-64所示。

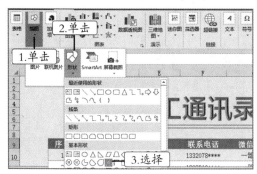

图2-63　选择形状　　　　　　　　　　图2-64　绘制形状

（3）在【绘图工具 格式】/【形状样式】组中单击"形状填充"按钮右侧的下拉按钮，在弹出的下拉列表中选择"图片"选项，如图2-65所示。

（4）打开"插入图片"对话框，单击"从文件"选项对应的 浏览 按钮，打开"插入图片"对话框。选择要插入的图片，这里选择"填充.jpg"图片，单击 插入(S) 按钮，如图2-66所示。

（5）将鼠标指针定位到图文框左上角的黄色圆点上，按住鼠标左键并向左上方拖曳鼠标，如图2-67所示，直至适当位置后释放鼠标左键，减小形状的宽度。

（6）保持形状的选择状态，在【绘图工具 格式】/【形状样式】组中单击"形状轮廓"按钮右侧的下拉按钮，在弹出的下拉列表中选择"标准色"栏中的"浅绿"选项，如图2-68所示。

（7）在【绘图工具 格式】/【形状样式】组中单击"形状效果"按钮右侧的下拉按钮，在弹出的下拉列表中选择"阴影"中的"居中偏移"选项，如图2-69所示。

（8）利用键盘上的方向键适当调整图文框的位置，使表格内容在图文框中居中显示，按【Ctrl+S】组合键保存工作簿。（效果所在位置：效果文件\项目二\任务三\员工通讯录.xlsx。）

图2-65 选择"图片"选项

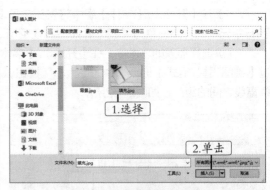

图2-66 选择要插入的图片

图2-67 改变形状宽度

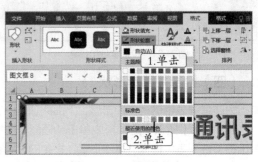

图2-68 设置形状轮廓

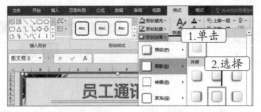

图2-69 设置形状效果

实训一　制作员工个人履历表

【实训要求】

完成本实训需要运用本章介绍的表格制作、添加批注、将工作簿另存为模板的相关知识。本实训完成后的最终效果如图2-70所示（效果所在位置：效果文件\项目二\实训一\员工个人履历表.xlsx）。

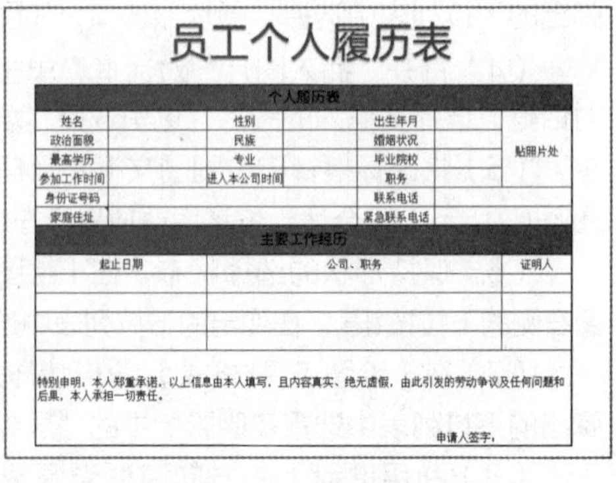

【实训思路】

完成本实训需要先制作表格的框架并输入数据，包括插入艺术字、输入文本、设置字符格式、为表格添加边框等，然后在单元格中添加批注，最后将制作好的表格另存为模板。其操作思路如图2-71所示。

图2-70 员工个人履历表的最终效果

① 制作表格框架并输入数据	② 添加批注	③ 将工作簿保存为模板

图2-71　制作"员工个人履历表"的思路

【步骤提示】

（1）启动Excel 2016，隐藏网格线，通过【插入】/【文本】组插入"填充-蓝色，着色1，阴影"样式的艺术字"员工个人履历表"，并将字体格式设置为"方正兰亭黑简体，44"。

（2）设置表格框架并输入数据，设置表头字体格式为"思源黑体 CN Bold，16"，其他字体格式为"宋体，12"。

（3）为表格添加内框线和外框线，其中内框线为"细线"，外框线为"粗下框线"。

（4）选择"家庭住址"文本所在单元格，为其添加批注，批注内容为"身份证上登记的地址"。

（5）选择【文件】/【保存】命令，在打开的对话框中将工作簿保存为模板。

实训二　制作食谱表

【实训要求】

完成本实训需要运用插入文本框、插入图片、添加背景、设置单元格格式等知识。本实训完成后的最终效果如图2-72所示（效果所在位置：效果文件\项目二\实训二\每周食谱.xlsx）。

【实训思路】

完成本实训需要先对表格中输入的数据进行美化，然后在表格中添加对象，包括文本框和图片，最后保存工作簿，其操作思路如图2-73所示。

图2-72　食谱表的最终效果

① 设置表格边框和单元格格式	② 插入文本框和图片	③ 为表格添加背景

图2-73　制作食谱表的思路

【步骤提示】

（1）打开"每周食谱"工作簿（素材所在位置：素材文件\项目二\实训二\每周食谱.xlsx），选择B5:G17单元格区域，打开"设置单元格格式"对话框，设置表格边框。利用"设置单元格格式"对话框设置单元格对齐方式、填充颜色、字体格式和颜色。

（2）插入横排文本框，并输入文本"第二周食谱"，对文本应用"填充-蓝色，着色1，阴影"艺术字效果，将文本填充颜色更改为"绿色"。

（3）利用"插入图片"对话框插入素材文件"厨师"（素材所在位置：素材文件\项目二\实训二\厨师.png），并调整图片的大小为"3.98×2"，然后将图片移至表格左上角。

（4）为表格添加背景图片"背景"（素材所在位置：素材文件\项目二\实训二\背景.jpg），按【Ctrl+S】组合键保存工作簿，并退出Excel 2016。

常见疑难问题解答

问：清除单元格数据和删除单元格有什么区别？

答：在Excel 2016中清除单元格数据和删除单元格是两个完全不同的概念，清除数据是指将单元格中的内容全部清除，但保留单元格，而删除单元格是指将单元格和单元格中的数据一并删除。

问：除了使用拖曳方法调整图片大小以外，有没有精确调整图片大小的方法？

答：有。选择插入的图片后，在【图片工具 格式】/【大小】组中的"高度"和"宽度"文本框中输入数值，可精确调整图片大小。

问：能不能将插入表格中且编辑后的图片恢复到原始状态？

答：能。在Excel 2016中插入图片并对图片进行编辑后，如果用户希望重新编辑图片，则可以将图片恢复到原始状态，具体操作方法为：在【图片工具 格式】/【调整】组中单击"重设图片"按钮右侧的下拉按钮，在弹出的下拉列表中选择"重设图片和大小"选项。

拓展知识

1. 打印工作表背景

在工作表中添加背景后，打印工作表时背景不会与表格数据同时打印出来。要想打印工作表背景，需要先将工作表数据与背景保存为图片，具体操作方法为：在工作表中插入背景，拖曳鼠标选择数据所在单元格区域；在【开始】/【剪贴板】组中单击"复制"按钮右侧的下拉按钮，在弹出的下拉列表中选择"复制为图片"选项；打开"复制图片"对话框，选中"图片"单选项，单击 确定 按钮；切换到其他工作表中，按【Ctrl+V】组合键粘贴图片，这样打印工作表时数据和工作表背景可同时打印出来，其操作思路如图2-74所示。

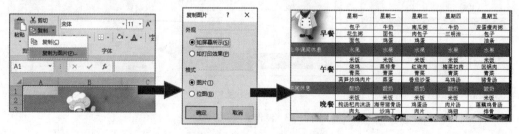

图2-74　打印工作表背景的思路

2. 自定义序列

序列是预先设置好顺序的一组数据，填充数据时，可以按序列的顺序填充数据。在Excel 2016中可自定义需要填充的序列，具体操作方法为：选择【文件】/【选项】命令，打开"Excel 选项"对话框，在左侧的列表框中单击"高级"选项卡，在右侧列表框的"常规"栏中单击 [编辑自定义列表(O)...] 按钮，打开"自定义序列"对话框；在"输入序列"列表框中自定义数据的排列顺序，各项目之间用半角逗号隔开，单击 [添加(A)] 按钮，最后单击 [确定] 按钮。

课后练习

练习1：创建客户拜访计划表

打开"客户拜访计划表"工作簿（素材所在位置：素材文件\项目二\课后练习\客户拜访计划表.xlsx），利用"查找和替换"对话框将文本"售前客服"替换为"客服专员"。合并A1:J1单元格区域，并在其中输入"客户拜访计划表"，在I2单元格中插入批注，并为表格添加背景图片，最终效果如图2-75所示（效果所在位置：效果文件\项目二\课后练习\客户拜访计划表.xlsx）。

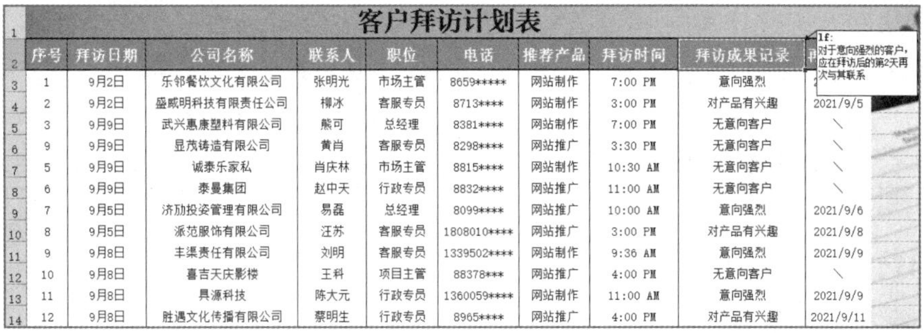

图2-75 客户拜访计划表的最终效果

练习2：制作员工信息卡

利用Excel 2016制作员工信息卡，在制作过程中要善于运用前面介绍的知识。首先隐藏表格中的网格线，然后输入数据、设置单元格格式、插入文本框，最后将工作簿保存为模板。完成后的最终效果如图2-76所示（效果所在位置：效果文件\项目二\课后练习\员工信息卡.xlsx）。

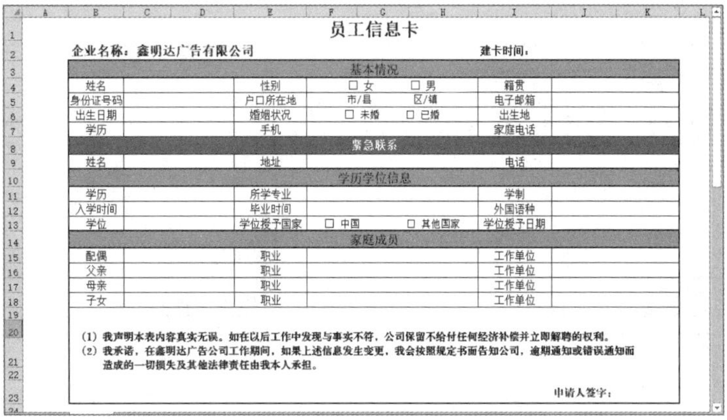

图2-76 员工信息卡的最终效果

项目三
档案管理

情景导入

米拉："老洪，你在找什么呢？我看你找好半天了。"

老洪："我在找一份客户档案，但由于时间太久，记不清放在哪一个文件柜中了。"

米拉："你是想要电子表格还是纸质文件呢？如果是电子表格，我可以直接通过计算机发送给你，我的计算机中保存了与公司合作的所有客户的档案资料。除此之外，还有档案移交申请表、档案借阅记录表等不同类型的表格。"

老洪："我只需要客户档案的电子表格，主要是为了查看客户的基本信息、营业概况、从业年限等信息，以便后续跟进。"

米拉："那我稍后就发送给你。"

学习目标

- 掌握设置数据有效性的方法。
- 熟悉定义名称与管理定义名称的相关操作。
- 掌握数据保护的各种方法。
- 了解什么是工作表网格线。

技能目标

- 能够通过数据有效性来编辑表格。
- 能够使用定义名称来查找表格。

素质目标

具备良好的心理素质，有条理性，并树立良好的服务意识和创新能力。

任务一　制作档案移交申请表

对于企业而言，档案管理有着十分重要的作用，尤其是在人事调动、工程项目交接等情况下，一定要填写档案移交申请表，并写明具体事项，以及档案移交的缘由。由此可见，档案移交申请表不仅是移交档案的依据，还能方便公司在需要时快速调阅档案，进而加强对档案交接工作的管理。

档案管理工作是一项机密性很强的工作，而档案管理人员又管理着很多重要机密，因此作为一名档案管理人员必须有坚定的政治立场，始终坚持正确的政治方向，同时在工作中坚持主动服务意识和默默奉献精神，遵守规章制度，坚决杜绝失密、泄密现象发生。

一、任务目标

由于项目开发的需要，公司需要抽调一部分员工到其他地区就职，需要将该部分员工的档案信息移交至新工作地点。老洪将整理好的档案资料转发给米拉，让米拉根据资料制作一份档案移交申请表，主要内容包括员工的基本个人信息、档案的建立日期、办理人姓名、办理档案移交的具体原因，以及相关部门的审核意见等。本任务完成后的最终效果如图3-1所示。

图3-1　档案移交申请表的最终效果

二、相关知识

本任务的重点是数据有效性的设置，在建立档案表格框架之前，需先了解数据有效性的含义和设置方法。

（一）什么是数据有效性

Excel 2016的数据有效性功能可以控制用户输入单元格的数据类型。对于符合条件的数据允许输入，反之则禁止输入。设置数据有效性后不仅可以检查数据的正确性，还能避免数据重复输入。

（二）数据有效性的设置

数据有效性的设置方法很简单，在工作表中选择要设置数据有效性的单元格或单元格区域，在【数据】/【数据工具】组中单击"数据验证"按钮，打开"数据验证"对话框进行相关设置。

知识补充	删除数据有效性

若要删除单元格区域的有效数据范围和信息，则选择要修改设置的单元格区域，打开"数据验证"对话框，单击左下角的 全部清除(C) 按钮，再单击 确定 按钮，即可将"数据验证"对话框恢复至未设置前的效果。

三、任务实施

（一）创建档案表框架

微课视频

创建档案表框架

完成本任务应先创建一个空白工作簿，然后在单元格中输入数据，具体操作如下。

（1）启动Excel 2016，新建一个空白工作簿，在默认工作表"Sheet1"中输入数据，并合并其中的一些单元格区域，如图3-2所示。

（2）选择合并后的C2单元格，设置其字体格式为"黑体，加粗，22"。

（3）拖曳调整第2行的行高至"33"后，选择合并后的C7单元格，选择其中的文本"3"，在【开始】/【字体】组中单击"下划线"按钮 U，为其添加下划线，如图3-3所示。

图3-2　输入数据并合并单元格

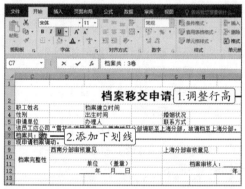

图3-3　调整行高并添加下划线

（4）选择合并后的G11单元格，在编辑栏中选择其中的空格部分，单击【开始】/【字体】组中的"下划线"按钮 U，如图3-4所示。

（5）使用同样的方法，分别在文本"年""月""日"前添加下划线，如图3-5所示。

（6）适当增加除标题行外的单元格行高，选择【文件】/【保存】命令，将文件以"档案移交申请表"为名保存。

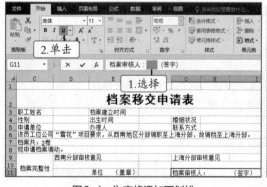

图3-4　为空格添加下划线

图3-5　添加下划线效果

（二）设置序列以输入有效数据

确保数据有效性的一个方法是在单元格中创建下拉列表，通过选择的方式快速填充有效数据。

下面在D4单元格和合并后的H4单元格中以选择的方式输入有效数据，具体操作如下。

（1）在当前工作表中选择D4单元格，在【数据】/【数据工具】组中单击"数据验证"按钮🗒，如图3-6所示。

（2）单击"数据验证"对话框的"设置"选项卡，在"允许"下拉列表中选择"序列"选项。在"来源"文本框中输入用于选择的序列选项内容，各项之间用半角逗号隔开，单击 确定 按钮，如图3-7所示。

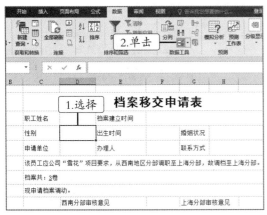

图3-6　单击"数据验证"按钮

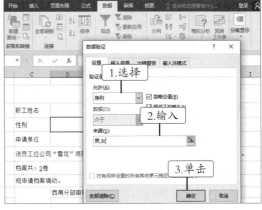

图3-7　设置序列

（3）此时，D4单元格右侧自动显示下拉按钮▼。单击该按钮，在弹出的下拉列表中提供了设置好的两个选项，如图3-8所示，根据需要进行选择即可输入数据。

（4）按照相同的操作方法，选择合并后的H4单元格区域，设置该单元格输入数据的有效性，如图3-9所示。

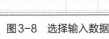

图3-8　选择输入数据

图3-9　设置数据有效性

（三）设置输入提示信息

下面为"申请单位"右边的单元格设置提示信息，具体操作如下。

（1）选择需要设置输入提示信息的单元格，这里选择D5单元格。

（2）在【数据】/【数据工具】组中单击"数据验证"按钮🗒，打开"数据验证"对话框。单击"输入信息"选项卡，在"输入信息"列表框中输入提示内容，单击 确定 按钮，如图3-10所示。

（3）此时，输入的提示信息自动出现在所选单元格的下方，效果如图3-11所示。选择该单元格时，将自动出现该提示信息。

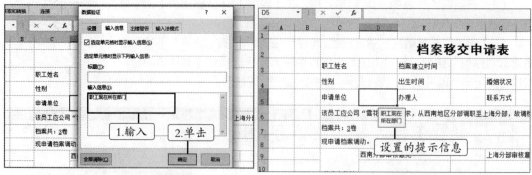

图3-10　设置输入提示信息　　　　　　图3-11　查看设置效果

（四）设置数据验证条件

为了保证表格中输入数据的正确性，下面设置F4单元格的数据验证条件，具体操作如下。

（1）选择F4单元格，在【数据】/【数据工具】组中单击"数据验证"按钮，打开"数据验证"对话框。

（2）单击"设置"选项卡，在"允许"下拉列表中选择"日期"选项，在"数据"下拉列表中选择"介于"选项。在"开始日期"和"结束日期"文本框中设置相应的数据，如图3-12所示，单击 确定 按钮。

（3）在F4单元格中输入文本"1978-2-3"，按【Enter】键将弹出提示对话框，提示输入错误数据，如图3-13所示。

微课视频

设置数据验证条件

图3-12　设置数据验证条件　　　　　　图3-13　提示输入错误数据

> **知识补充**　　　　　　　　　**设置出错警告信息**
>
> 　　在"数据验证"对话框中单击"出错警告"选项卡，可设置出错警告信息，包括样式、标题、错误信息等。

（4）在F4单元格中重新输入正确的数据后按【Enter】键，如图3-14所示。

（5）将表中的内容补充完整，利用【开始】/【字体】组为C3:I12单元格区域添加边框，如图3-15所示。（效果所在位置：效果文件\项目三\任务一\档案移交申请表.xlsx。）

图3-14　输入正确的数据

图3-15　为表格添加边框

任务二　制作客户档案记录表

客户档案是记录客户资料的重要载体，也是企业充分了解客户和分析客户的主要渠道。在激烈的市场竞争中，拥有的客户资料越多，就越容易找到正确的营销模式，从而在竞争中处于优势地位。因此，企业应专门建立管理客户资料的表格，即客户档案记录表，通过该表格归纳总结客户营业概况、客户组织架构、与公司的交易情况等信息，以谋求更长远的合作。

一、任务目标

公司最近要重新整理客户档案，刚好米拉也完成了手头的工作，于是老洪将这项工作交给米拉来完成，并叮嘱她对里面的一些数据进行优化，以节省查找客户资料的时间。完成该任务需要掌握定义名称和管理定义名称的相关知识。本任务完成后的最终效果如图3-16所示。

图3-16　客户档案记录表的最终效果

二、相关知识

为了减少输入数据的工作量，并快速定位到要编辑的单元格或单元格区域，可以使用Excel

2016的定义名称功能，该功能适用于单元格较多的表格。下面详细介绍定义名称的方法和管理定义名称的操作。

（一）定义名称的方法

定义名称就是为表格中的单元格或单元格区域设置名称，利用名称可以快速定位数据。在Excel 2016中，定义名称的方法有以下3种。

图3-17 "新建名称"对话框

- **利用名称框定义：**按住鼠标左键并拖曳鼠标，在表格中选择要定义名称的单元格区域，将鼠标指针定位至编辑栏的名称框中，在插入点处输入名称后按【Enter】键。
- **利用菜单命令定义：**在【公式】/【定义的名称】组中单击"定义名称"按钮，打开"新建名称"对话框，在"名称"文本框中输入名称并设置好要定义的单元格区域，如图3-17所示，单击 确定 按钮

图3-18 "以选定区域创建名称"
对话框

- **根据所选内容定义名称：**按住鼠标左键并拖曳鼠标，在表格中选择要定义名称的单元格区域，在【公式】/【定义的名称】组中单击"根据所选内容创建"按钮，打开"以选定区域创建名称"对话框，勾选作为名称的选定区域的复选框，如图3-18所示，单击 确定 按钮。

知识补充   **定义单元格的规则**

在创建或编辑定义名称时，应遵守以下几条定义名称的规则。

① 有效字符：名称可以是任意字符和数字的组合，但不能是纯数字或者以数字开头。

② 空格无效：名称中不允许有空格，但可使用下划线"_"和句点"."作为单词分隔符，如First.Name。

③ 不允许的单元格引用：名称不能与单元格引用相同，如R1、C1。

④ 名称长度：名称最多可以包含255个字符。

（二）管理定义名称

利用"名称管理器"对话框可以管理工作簿中所有已定义的名称，可进行更改、删除、应用名称等操作。下面介绍操作方法。

- **更改名称：**打开已定义名称的工作簿，在【公式】/【定义的名称】组中单击"名称管理器"按钮，打开"名称管理器"对话框，在名称列表框中选择要更改的名称后，单击 编辑(E) 按钮，在打开的"编辑名称"对话框中重新设置其引用位置，单击 确定 按钮。
- **删除名称：**打开"名称管理器"对话框，在名称列表框中选择要删除的名称，然后单击 删除(D) 按钮，在弹出的提示对话框中单击 确定 按钮，再单击 关闭 按钮。
- **应用名称：**在工作簿中定义好所需名称后，单击名称框右侧的下拉按钮，在弹出的下拉列表中选择所需名称，可快速定位到当前工作簿中的对应单元格。

三、任务实施

（一）在不同工作簿之间复制工作表

为了避免误操作造成数据丢失，应先备份客户档案记录表，具体操作如下。

（1）双击"客户档案记录表.xlsx"图标 客户档案记录表（素材所在位置：素材文件\项目三\任务二\客户档案记录表.xlsx），如图3-19所示。

（2）打开"客户档案记录表.xlsx"工作簿，选择【文件】/【新建】命令，新建一个名为"工作簿1"的工作簿。

（3）切换至"客户档案记录表"工作簿，在"Sheet1"工作表标签上单击鼠标右键，在弹出的快捷菜单中选择【移动或复制】命令，如图3-20所示。

微课视频

在不同工作簿之间
复制工作表

图3-19 双击工作簿图标

图3-20 选择【移动或复制】命令

（4）打开"移动或复制工作表"对话框，在"工作簿"下拉列表中选择"工作簿1"选项，勾选"建立副本"复选框，单击 确定 按钮，如图3-21所示。

（5）此时，在"工作簿1"中的"Sheet1"工作表之前自动添加了一张名为"Sheet1（2）"的工作表，如图3-22所示。

图3-21 选择工作表复制的位置

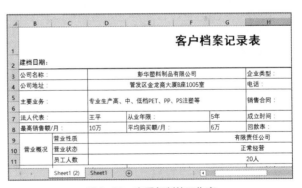

图3-22 查看复制的工作表

（二）为单元格和单元格区域定义名称

为了使表格结构更加清晰，表格中的数据更加容易理解和维护，可以为要维护的单元格和单元格区域定义名称，具体操作如下。

（1）切换到"客户档案记录表"工作簿，单击标题栏中的"关闭"按钮 ，关闭该工作簿。

（2）选择"工作簿1"工作簿中的"Sheet1（2）"工作表，在【公式】选项卡中单击"定义的名称"按钮，在其下拉列表中单击"定义名称"按钮 ，如图3-23所示。

微课视频

为单元格和单元格
区域定义名称

（3）打开"新建名称"对话框，在"名称"文本框中输入文本"客户资料"，单击"引用位置"文本框右侧的"收缩"按钮，如图3-24所示。

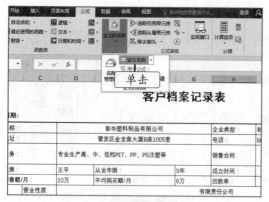

图3-23　单击"定义名称"按钮　　　　图3-24　输入定义的名称

（4）此时，对话框呈收缩状态，按住鼠标左键并拖曳鼠标，在工作表中选择要引用的单元格区域，这里选择$B$3:$K$8单元格区域。单击"新建名称-引用位置"对话框中的"展开"按钮，如图3-25所示。

（5）返回"新建名称"对话框，确认定义名称和引用位置无误后单击　确定　按钮，如图3-26所示。

图3-25　选择要引用的单元格区域　　　　图3-26　确认引用位置和名称

（6）按住鼠标左键并拖曳鼠标，选择B9:K11单元格区域，单击"定义名称"按钮，打开"新建名称"对话框，在"名称"文本框中输入文本"营业概况"，单击　确定　按钮，如图3-27所示。

（7）使用同样的方法选择B12:K16单元格区域，并将其名称定义为"主要负责人"，如图3-28所示。

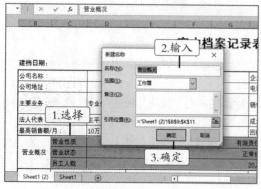

图3-27　为B9:K11单元格区域定义名称　　　　图3-28　为B12:K16单元格区域定义名称

（8）选择合并后的I8单元格，使用同样的方法将其名称定义为“回款率”。

（三）快速选择单元格并修改数据

微课视频
快速选择单元格并修改数据

下面利用定义名称快速选择单元格，然后对单元格中的数据进行修改，具体操作如下。

（1）单击“Sheet1（2）”工作表中名称框右侧的下拉按钮▾，在弹出的下拉列表中选择“回款率”选项，如图3-29所示。

（2）此时，系统快速定位至引用位置，将鼠标指针定位至编辑栏中，修改所选单元格区域的数据，如图3-30所示，按【Enter】键确认输入。

（3）双击“Sheet1（2）”工作表标签，当其呈可编辑状态时，输入工作表名称“重要客户”，按【Enter】键确认输入。

（4）选择【文件】/【保存】命令，将该工作簿以“客户档案记录表”为名保存。（效果所在位置：效果文件\项目三\任务二\客户档案记录表.xlsx。）

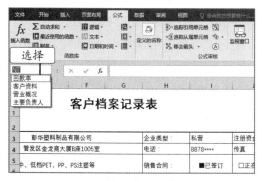

图3-29　选择“回款率”选项

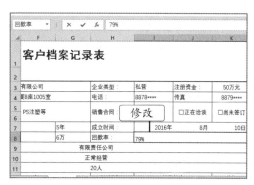

图3-30　修改数据

任务三　制作档案借阅登记表

每个公司对于档案的借阅都应有一套规范的流程，以便明确借阅档案人员的职责和权限，从而规避不必要的风险，防止档案信息泄露，保护公司机密。档案借阅登记表一般包括档案编号、文件名、借阅用途、借阅人、审核人等内容。

一、任务目标

为了加强档案资料的管理工作，避免档案资料毁损、擦涂、丢失等现象发生，老洪特意安排米拉制作一份档案借阅登记表，以便详细了解每一份档案的去向。完成该任务需要掌握保护数据的相关知识，包括输入数据、隐藏网格线、保护工作表和工作簿等。本任务完成后的最终效果如图3-31所示。

档案借阅登记表

档案编号	文件名	份数	借阅人姓名	借阅人部门	借阅日期	借阅用途	借阅人签字	审核人	归还日期	归还人签字
2021-WS2-001	招聘登记表	1	李明	人事部	2021/4/1	核对相关资料	李明	张丽	2021/4/3	李明
2021-WS2-002	面试评测表	3	沈碧云	人事部	2021/4/1	核对相关资料	沈碧云	张丽	2021/4/3	沈碧云
2021-WS2-003	聘用通知	2	张忠义	人事部	2021/4/1	核对相关资料	张忠义	张丽	2021/4/3	张忠义
2021-WS2-004	健康证	3	李明	人事部	2021/4/18	核对相关资料	李明	张丽	2021/4/22	李明
2021-WS2-006	学历证明	2	李明	人事部	2021/4/25	核对相关资料	李明	张丽	2021/4/26	李明
2021-WS2-007	劳动合同	3	李明	人事部	2021/4/27	审核是否续签	李明	张丽	2021/5/2	李明
2021-WS2-008	原单位离职证明	1	张忠义	人事部	2021/4/30	核对相关资料	张忠义	张丽	2021/5/2	张忠义
2021-WS2-009	员工转正评价表	2	沈碧云	人事部	2021/5/1	查阅	沈碧云	张丽	2021/5/2	沈碧云

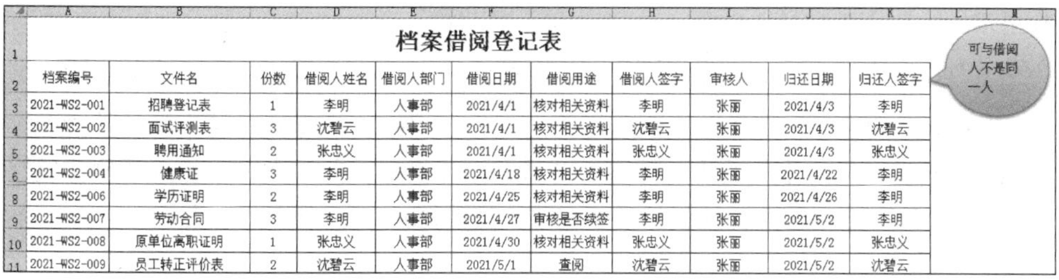

图3-31　档案借阅登记表的最终效果

二、相关知识

为了防止他人擅自改动单元格中的数据，可锁定或隐藏一些重要的单元格，以此保护数据的安全。本任务主要涉及数据保护和工作表中网格线的设置等操作。

（一）保护数据的方法

保护数据可以分为保护工作簿、保护工作表、保护单元格3种，其设置方法也有所不同，其中，保护工作表和保护单元格的设置方法相似。

- **保护工作簿：** 打开要保护的工作簿，在【审阅】/【更改】组中单击"保护工作簿"按钮，打开"保护结构和窗口"对话框；在其中勾选相应的复选框，并设置密码，单击 确定 按钮；在"确认密码"对话框中输入相同密码，单击 确定 按钮完成设置。
- **保护工作表：** 在工作簿中选择需要设置保护密码的工作表，在【审阅】/【更改】组中单击"保护工作表"按钮，打开"保护工作表"对话框；在其中设置保护范围和密码，单击 确定 按钮，在"确认密码"对话框中输入相同密码，单击 确定 按钮完成设置。
- **保护单元格：** 选择工作表中的所有单元格，打开"设置单元格格式"对话框，单击"保护"选项卡，取消勾选其中的所有复选框，如图3-32所示，单击 确定 按钮；在当前工作表中选择需锁定的单元格区域，在【开始】/【单元格】组中单击"格式"按钮，在弹出的下拉列表中选择"锁定单元格"选项，如图3-33所示，打开"保护工作表"对话框，在"允许此工作表的所有用户进行"列表框中勾选"选定未锁定的单元格"复选框，并输入保护密码，如图3-34所示，单击 确定 按钮完成设置。

图3-32 取消勾选所有复选框

图3-33 锁定单元格

图3-34 "保护工作表"对话框

操作提示　　　　　　　　**撤销单元格的保护**

保护单元格功能生效的前提条件是保护所在工作表，因此撤销对单元格的保护只需撤销对工作表的保护即可。撤销工作表保护的方法与撤销工作簿保护的方法相似：在【审阅】/【更改】组中单击"撤销工作表保护"按钮，在打开的"撤销工作表保护"对话框中输入保护密码，单击 确定 按钮即可撤销保护。

（二）工作表中的网格线

利用Excel 2016新建工作簿后，在工作表中呈灰色显示的线条便是网格线。网格线主要用于帮助用户对齐输入的数据，在打印工作表时网格线不会被打印出来。用户在制作表格时，如果认为网格线多余，则可以采用以下两种方法隐藏网格线。

- **隐藏网格线：** 打开要隐藏网格线的工作表后，在【视图】/【显示】组中取消勾选"网格线"复选框。

- **利用填充颜色隐藏网格线：** 在工作表中选择需要隐藏网格线的单元格区域，在【开始】/【字体】组中单击"填充颜色"按钮 右侧的下拉按钮 ，在弹出的下拉列表中选择"白色，背景1"选项，可将所选区域的网格线隐藏，如图3-35所示。

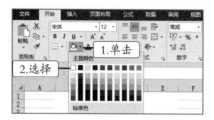

图3-35　隐藏工作表中的部分网格线

三、任务实施

（一）完善工作表中的数据

本任务将通过"单元格格式"对话框和【开始】/【字体】组两种方式来设置单元格格式，具体操作如下。

微课视频

完善工作表中的数据

（1）打开素材文件"档案借阅登记表.xlsx"（素材所在位置：素材文件\项目三\任务三\档案借阅登记表.xlsx），在"Sheet1"工作表中将鼠标指针移至I列上，当鼠标指针变为 形状时单击以选择该列，如图3-36所示。

（2）在【开始】选项卡中单击"单元格"按钮，在弹出的下拉列表中单击"插入"按钮 ，在该列左侧插入一列空白列，如图3-37所示。

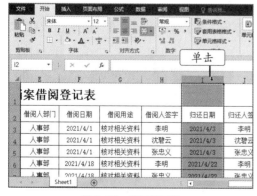

图3-36　选择单元格　　　　　图3-37　插入单元格

（3）在插入的J列中输入图3-38所示的数据内容。

档案借阅登记表							
借阅人姓名	借阅人部门	借阅日期	借阅用途	借阅人签字	审核人	归还日期	归还人签字
李明	人事部	2021/4/1	核对相关资料	李明	张丽	2021/4/3	李明
沈碧云	人事部	2021/4/1	核对相关资料	沈碧云	张丽	2021/4/3	沈碧云
张忠义	人事部	2021/4/1	核对相关资料	张忠义	张丽	2021/4/3	张忠义
李明	人事部	2021/4/18	核对相关资料	李明	张丽	2021/4/22	李明
张忠义	人事部	2021/4/18	核对相关资料	张忠义	张丽	2021/4/22	张忠义
李明	人事部	2021/4/25	核对相关资料	李明	张丽	2021/4/26	李明
李明	人事部	2021/4/27	审核是否续签	李明	张丽	2021/5/2	李明
张忠义	人事部	2021/4/30	核对相关资料	张忠义	张丽	2021/5/2	张忠义

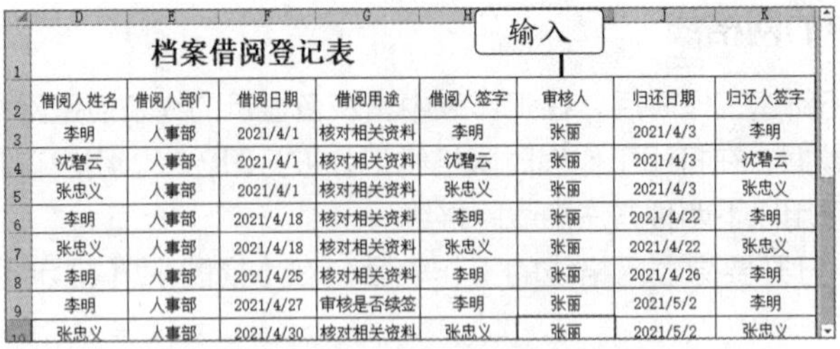

图3-38　完善工作表的内容

（二）插入标注类图形

微课视频

插入标注类图形

完善表格中的数据后，下面利用标注类图形对表格中的部分数据进行说明，并设置图形格式，具体操作如下。

（1）在【插入】选项卡中单击“插图”按钮，在弹出的下拉列表中单击“形状”按钮，在弹出的下拉列表中选择“标注”栏中的“椭圆形标注”选项，如图3-39所示。

（2）将鼠标指针移至工作表中，当其变为+形状时，按住鼠标左键并拖曳鼠标绘制图形，如图3-40所示。

（3）将鼠标指针移至绘制的标注图形上，当其变为形状时，按住鼠标左键并向右拖曳鼠标移动图形，使图形和表格中的文件不重叠。

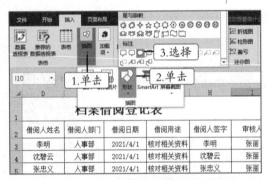

图3-39　选择标注图形的形状

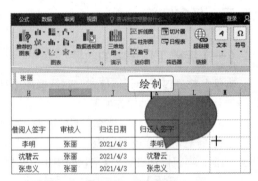

图3-40　绘制图形

（4）将鼠标指针移动到标注上的黄色控制点上，按住鼠标左键并拖曳鼠标，调整标注的指向位置，如图3-41所示。

（5）调整标注的指向位置后，将鼠标指针移动到标注上，单击鼠标右键，在弹出的快捷菜单中选择【编辑文字】命令，如图3-42所示。

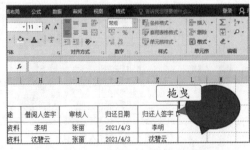

图3-41　调整标注的指向位置

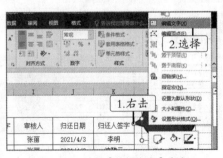

图3-42　选择【编辑文字】命令

（6）此时，在标注中出现闪烁的输入点，切换至中文输入法，输入文本"可与借阅人不是同一人"。

（7）在【绘图工具 格式】/【形状样式】组中单击"其他"按钮▽，为标注应用"细微效果-橙色，强调颜色6"的样式，如图3-43所示。

（8）选择标注中的文本，在【开始】/【字体】组中将字体格式设置为"方正宋一简体，12"。在【绘图工具 格式】/【大小】组中将"高度"和"宽度"分别设置为"3厘米"和"3.5厘米"，如图3-44所示。

（9）单击工作表中的其他位置，退出标注编辑状态。

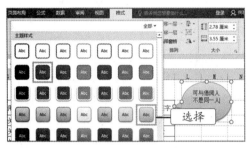

图3-43 选择标注样式

图3-44 设置字体格式和标注大小

（三）隐藏网格线和单元格

有时，为了保护员工个人隐私，制表人会对表格中的某些数据进行隐藏设置。下面隐藏表格的第7行，并取消当前表格中的网格线，具体操作如下。

（1）在当前工作表中选择第7行，在【开始】/【单元格】组中单击"格式"按钮▦，在弹出的下拉列表中选择"隐藏和取消隐藏"中的"隐藏行"选项，如图3-45所示。

（2）此时，工作表第7行的单元格自动隐藏，如图3-46所示。

微课视频

隐藏网格线和
单元格

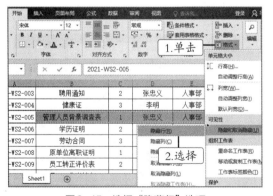

图3-45 选择"隐藏行"选项

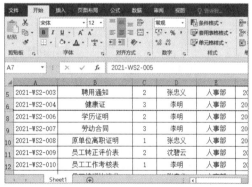

图3-46 隐藏第7行单元格后的效果

（3）在【视图】选项卡中单击"显示"按钮，在弹出的下拉列表中取消勾选"网格线"复选框，如图3-47所示。

（4）工作表中即可隐藏网格线，如图3-48所示。

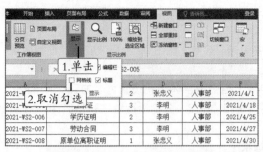

图3-47　取消勾选"网格线"复选框　　　　图3-48　撤销网格线后的效果

> **知识补充**　　　　　　　　　　**隐藏和显示列或行**
>
> 　　隐藏列单元格的操作与隐藏行单元格的操作相似，具体操作方法为：在工作表中选择要隐藏的列，在【开始】/【单元格】组中单击"格式"按钮，在弹出的下拉列表中选择"隐藏和取消隐藏"中的"隐藏列"选项，即可隐藏所选列。如果想将隐藏的行或列重新显示出来，则选择与隐藏行或列相邻的行或列，如隐藏第6行，需同时选择第5行和第7行，然后单击"格式"按钮，在弹出的下拉列表中选择"隐藏和取消隐藏"中的"取消隐藏行"或"取消隐藏列"选项。

（四）保护工作表和工作簿

　　为防止他人篡改工作表中的数据，下面对工作表和工作簿进行保护设置，具体操作如下。

　　（1）在"Sheet1"工作表的【开始】/【单元格】组中单击"格式"按钮，在弹出的下拉列表中选择"保护工作表"选项，如图3-49所示。

　　（2）打开"保护工作表"对话框，在"取消工作表保护时使用的密码"文本框中输入密码，这里输入"123"；在"允许此工作表的所有用户进行"列表框中取消勾选所有复选框，单击 确定 按钮，如图3-50所示。

微课视频

保护工作表和
工作簿

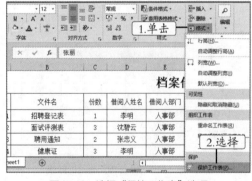

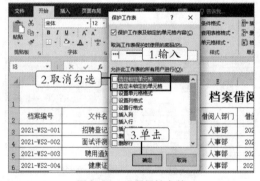

图3-49　选择"保护工作表"选项　　　　图3-50　设置保护参数

　　（3）打开"确认密码"对话框，在"重新输入密码"文本框中输入与上一步操作中相同的密码，单击 确定 按钮，如图3-51所示。

　　（4）此时，对"Sheet1"工作表进行操作将打开图3-52所示的提示对话框，提示进行操作之前应取消该工作表的保护状态。

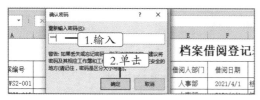

图3-51 确认保护密码

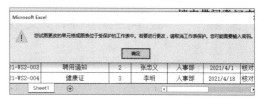

图3-52 提示工作表处于保护状态

（5）在"Sheet1"工作表的【审阅】/【更改】组中单击"保护工作簿"按钮，如图3-53所示。

（6）打开"保护结构和窗口"对话框，勾选其中的"结构"复选框，在"密码（可选）"文本框中输入密码，这里输入"123"，单击 确定 按钮，如图3-54所示。

图3-53 单击"保护工作簿"按钮

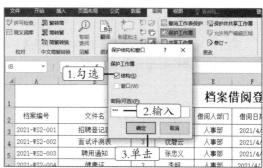

图3-54 设置保护参数

（7）打开"确认密码"对话框，在"重新输入密码"文本框中输入与上一步操作中相同的密码，单击 确定 按钮，如图3-55所示。

（8）单击标题栏中的"关闭"按钮✕，在弹出的提示对话框中单击 保存(S) 按钮，如图3-56所示，保存对工作簿的修改后关闭工作簿。（效果所在位置：效果文件\项目三\任务三\档案借阅登记表.xlsx。）

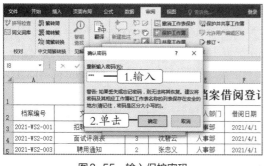

图3-55 输入保护密码

图3-56 保存并关闭工作簿

知识补充 　　　　　　　　　　　保护结构和窗口

　　　勾选"保护结构和窗口"对话框中的"结构"复选框后，不能对工作簿中的工作表进行重命名、新建、移动、复制，以及更改工作表标签颜色等操作；勾选"窗口"复选框后，不能调整工作簿窗口大小和关闭工作簿。

实训一　制作档案资料移交表

【实训要求】

完成本实训需要利用Excel 2016的数据有效性功能来避免录入错误的数据，同时还要熟练掌握设置数据有效性、保护工作表、撤销网格线等操作。本实训完成后的最终效果如图3-57所示（效果所在位置：效果文件\项目三\实训一\档案资料移交表.xlsx）。

序号	交接日期	档案名称	份数	保密级别	所属类别	移交人签名	接收人签名
1	2021/9/10	×××人	1	一级	行政管理	周通	赵小慧
2	2021/9/10	薪酬	1	二级	行政管理	周通	赵小慧
3	2021/9/10	员工培训	1	一级	行政管理	周通	赵小慧
4	2021/9/10	公司简介	1	一级	行政管理	周通	赵小慧
5	2021/9/10	公司宣传报道	1	一级	行政管理	周通	赵小慧
6	2021/9/13	×××大会发言	1	一级	行政管理	周通	赵小慧
7	2021/9/14	工作总结	1	二级	行政管理	周通	赵小慧
8	2021/9/15	×××大会的录像	1	一级	行政管理	周通	赵小慧

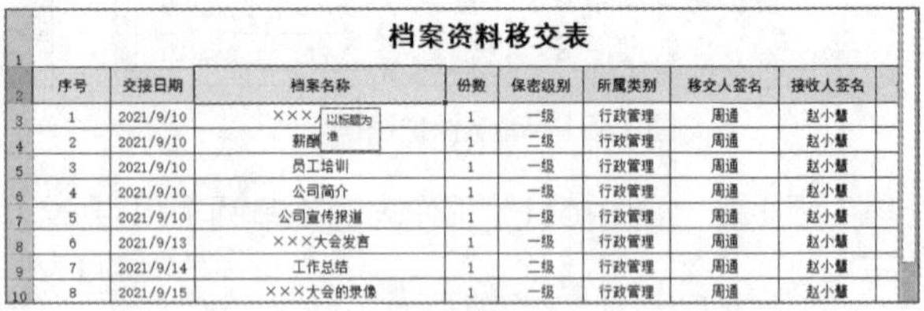

图3-57　档案资料移交表的最终效果

【实训思路】

完成本实训需要先撤销工作表中的网格线，然后为单元格设置数据有效性，最后输入数据并保护工作表，其操作思路如图3-58所示。

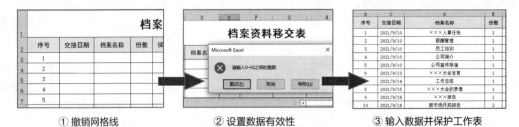

① 撤销网格线　② 设置数据有效性　③ 输入数据并保护工作表

图3-58　制作档案资料移交表的思路

【步骤提示】

（1）打开“档案资料移交表”工作簿，在【视图】/【显示】组中取消勾选“网格线”复选框。

（2）选择D2单元格，打开“数据验证”对话框，单击“输入信息”选项卡，在“输入信息”文本框中输入“以标题为准”，单击 确定 按钮。

（3）选择E3:E17单元格区域，在“数据验证”对话框中将验证条件设置为“介于0～10的整数”，然后单击“出错警告”选项卡，将“错误信息”设置为“请输入0～10的整数”，单击 确定 按钮。

（4）按照相同的操作方法，利用“数据验证”对话框，将F3:F14单元格区域的数据有效性设置为“序列；一级；二级”。

（5）完善表格中的数据，按【Ctrl+A】组合键选择所有单元格，在“设置单元格格式”对话框的“保护”选项卡中取消勾选“锁定”复选框。

（6）选择E3:F17单元格区域，打开“保护工作表”对话框，输入保护密码，这里输入“123”，并取消勾选“选定锁定单元格”复选框，在打开的“确认密码”对话框中单击 确定 按钮。

实训二　制作员工入职登记表

【实训要求】

完成本实训需要在现有工作表中增加学习经历和工作经历的相关内容，然后定义单元格区域名

称并对表格中的数据进行保护。本实训完成后的最终效果如图3-59所示（效果所在位置：效果文件\项目三\实训二\员工入职登记表.xlsx）。

图3-59　员工入职登记表的最终效果

【实训思路】

完成本实训需要先制作表格框架并输入数据，然后定义单元格区域名称，最后插入标注并设置工作簿保护，其操作思路如图3-60所示。

① 制作表格框架并输入数据　　② 定义单元格区域名称　　③ 插入标注后保护工作簿

图3-60　制作员工入职登记表的思路

【步骤提示】

（1）启动Excel 2016，打开"员工入职登记表"工作簿，在"Sheet1"工作表第9行的下方插入10行单元格，合并相应单元格后输入相关的数据内容。

（2）选择B10:M14单元格区域，打开"新建名称"对话框，在"名称"文本框中输入文本"学习经历"，按【Enter】键。

（3）按照相同的操作方法，将B15:M19单元格区域名称定义为"工作经历"，将B20:M24单元格区域名称定义为"主要家庭"。

（4）在贴照片处添加标注，在标注内输入文字并设置标注样式，然后设置工作簿保护密码，这里设置为"123"。

常见疑难问题解答

问：能不能为同一单元格区域设置多重数据有效性？

答：能。在为设置过数据有效性的单元格区域再次设置不同的数据有效性时，该单元格区域将同时满足设置的所有数据有效性。若重复设置数据有效性的单元格区域包含一些从未设置数据有效性的单元格，则会打开图3-61所示的对话框，单击 是(Y) 按钮将为选择的所有单元格应用设置，单击 否(N) 按钮将只为设置过数据有效性的单元格应用设置。

图3-61　重复设置数据有效性

问：有没有查找和快速选择工作表中所有含有文本的单元格的方法？

答：有。打开工作表后，在【开始】/【编辑】组中单击"查找和选择"按钮🔍，在弹出的下拉列表中选择"定位条件"选项，打开"定位条件"对话框，选中"公式"单选项，并取消勾选"数字""逻辑值""错误"复选框，如图3-62所示，单击 确定 按钮。返回工作表，此时已选择所有包含文本的单元格。

图3-62　设置定位条件查找所有包含文本的单元格

拓展知识

1. 隐藏与取消隐藏窗口

在工作簿中可利用隐藏窗口功能保护表格数据，当需要查看或编辑表格数据时取消隐藏窗口即可。

- **隐藏窗口：** 隐藏窗口即隐藏工作簿，使当前工作簿不可见；隐藏窗口的方法非常简单，只需在【视图】/【窗口】组中单击"隐藏"按钮，如图3-63所示。

- **取消隐藏窗口：** 打开隐藏的工作簿时，Excel 2016工作界面并没有显示任何内容，这时需要先取消隐藏窗口，在【视图】/【窗口】组中单击"取消隐藏"按钮，在打开的"取消隐藏"对话框中选择要取消隐藏的工作簿，最后单击 确定 按钮，如图3-64所示，即可将隐藏的工作簿重新显示出来。

图3-63　单击"隐藏"按钮

图3-64　取消隐藏窗口

2. 数据分列

使用Excel 2016编辑数据时，有时会遇到数字和文本混杂在一个单元格中的情况，想要将其分开非常麻烦，此时可利用Excel 2016提供的数据分列功能快速分列数据。数据分列的方法为：打开要编辑的工作簿，在工作表中选择需要分列的单元格，在【数据】/【数据工具】组中单击"分列"按钮，打开"文本分列向导"对话框，如图3-65所示，根据提示信息进行设置，依次单击 下一步(N) 按钮和 完成(F) 按钮。

3. 使用格式刷复制格式

当需要为多个单元格设置相同的单元格格式时，可选择已设置好格式的单元格，利用格式刷复制格式并将其应用到其他单元格中，使用格式刷复制格式的方法有以下两种。

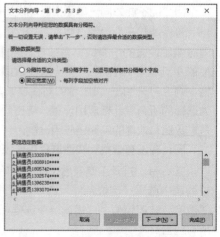

图3-65　根据文本分列向导分列数据

- **只复制一次格式：**选择已设置好格式的单元格，在【开始】/【剪贴板】组中单击“格式刷”按钮，此时鼠标指针变成形状，选择需应用相同格式的单元格或单元格区域后退出格式刷编辑状态。
- **连续复制多次格式：**选择已设置好格式的单元格，双击“格式刷”按钮，依次选择需应用相同格式的多个单元格或单元格区域即可连续复制格式，当不需要复制格式时，再次单击“格式刷”按钮或按【Esc】键可退出格式刷编辑状态。

课后练习

练习1：创建员工奖惩记录表

打开“员工奖惩记录表”（素材所在位置：素材文件\项目三\课后练习\员工奖惩记录表.xlsx）工作簿，插入“椭圆形“标注图形，在标注中添加文本后，选择添加的标注，在【绘图工具格式】/【形状样式】组中设置标注的形状轮廓和填充颜色，然后为H4:M20单元格区域设置数据有效性，并将输入信息设置为“请输入1～10的整数”，最后设置工作簿保护密码，完成后的最终效果如图3-66所示（效果所在位置：效果文件\项目三\课后练习\员工奖惩记录表.xlsx）。

员工奖惩记录表

员工编号	姓名	奖惩事项	统计					
			嘉奖	小功	大功	警告	小过	大过
101	张悦	月度优秀员工（销售部）	1					
102	柳月飞	月度优秀员工（后勤部）	1					
103	蒋少峰	不按规定着装，不带胸牌	1			3		
104	杨晨	月度优秀员工（客服部）	1					
105	李果儿	无故迟到、早退、脱岗					2	
106	张春倪	消除事故隐患，使公司免遭损害	1					
107	严国荣	忠于职守、任劳任怨，堪称员工楷模		2				
108	何静	请别人代打考勤卡					3	
109	赵明天	提出建设性的意见和工作方案	2					
110	王容	玩忽职守，造成不良影响						1
111	陈建军	与其他员工争吵、谩骂						1
112	刘若远	对新产品的研发做出杰出贡献			2			
113	姜桂华	不执行服务规范、工作程序					2	
114	江雯	引起客有不满投诉				2		
115	孙海燕	蓄意不完成预定工作量					1	
116	许晓惠	季度优秀员工（客服部）	3					
117	周阳	季度优秀员工（销售部）	3					
合计			13	2	2	5	8	2

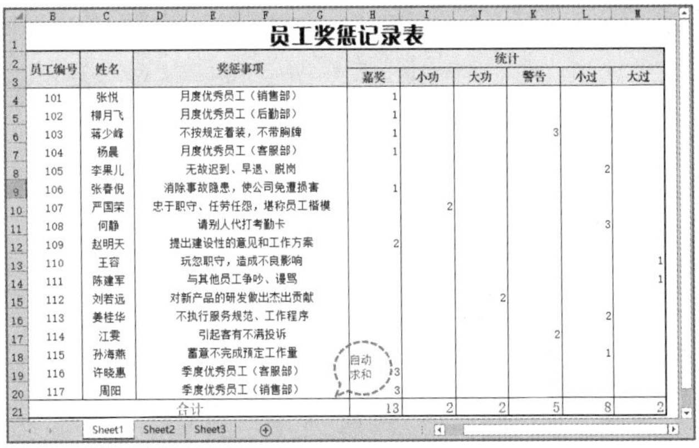

图3-66　员工奖惩记录表的最终效果

练习2：制作会计档案移交明细表

利用Excel 2016制作会计档案移交明细表涉及的知识点包括隐藏网格线、利用下拉列表输入数据、保护单元格、保护工作表等。完成后的最终效果如图3-67所示（效果所在位置：效果文件\项目三\课后练习\会计档案移交明细表.xlsx）。

会计档案移交明细表

档案类别	档案编号	案卷标题	起止日期	单位	数量	保存年限	已保管年限
总账	101	总账账本	20**.5-20**.8	册	3	15	5
	102	销售费用明细账	20**.5-20**.8	册	5	15	3
	102	应付账款明细账	20**.5-20**.8	册	5	15	3
	108	库存现金日记账	20**.5-20**.8	本	1	25	8
日记账	108	银行存款日记账	20**.5-20**.8	本	1	25	10

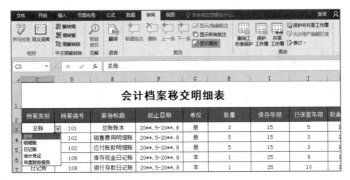

图3-67　会计档案移交明细表的最终效果

项目四
人事招聘

情景导入

老洪："米拉，公司下周一举办的现场招聘会所需的资料你准备好了吗？"

米拉："全部准备好了。这是我第一次参加人员招募与甄选工作，还真有点紧张。"

老洪："不用紧张，只要做足了准备，就一定可以圆满完成招聘任务。等此次招聘工作结束后，还需要你来完成后续跟进工作，如统计应聘人员、组织应聘人员面试和考核等。"

米拉："好的，没有问题。我会将汇总结果以表格形式发送给你，待确认无误后，再发送给人力资源部。"

老洪："好的。"

学习目标

- 掌握公式与函数的使用方法。
- 掌握数据排序、筛选、分类汇总的相关操作。
- 熟悉记录单的使用方法。
- 掌握图表的插入与编辑操作。

技能目标

- 能够利用公式或函数快速计算表格数据。
- 能够直观分析和汇总表格数据。

素质目标

培养严谨、认真的思维方式，具有团队合作意识，提高社会责任感和使命感。

任务一　制作应聘人员成绩单

应聘人员成绩单是应聘人员向用人单位展示自己的学习水平、工作能力或综合素质的凭据，也是企业判断应聘人员是否符合录取资格的重要参考指标。应聘人员成绩单中的考核项目根据用人单位的岗位需求会有所不同，一般包含面试成绩、笔试成绩、综合素质等。其中，综合素质一般是硬性指标，不仅能反映应聘人员学识的渊博程度和能力大小，还能间接反映企业今后发展方向。

一、任务目标

通过现场招聘后，公司获取了众多应聘人员的相关资料。经初步筛选，人力资源部门确定了一批应聘人员名单，老洪让米拉统计这些应聘者的成绩，从中筛选出可以进入下一个考核环节的人员名单。完成该任务需要用到Excel 2016提供的常用公式和函数，如SUM、MAX等函数，然后利用逻辑函数分析有哪些人员合格。本任务完成后的最终效果如图4-1所示。

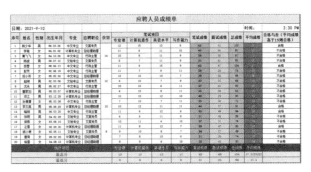

图4-1　应聘人员成绩单的最终效果

二、相关知识

在工作表中输入数据后，可以通过Excel 2016提供的公式和函数对这些数据进行自动、精确、高速的运算处理。下面介绍Excel 2016中公式与函数的使用方法。

（一）运算符

运算符是Excel 2016公式中的基本元素，公式中涉及的运算符大致可分为3种，即算术运算符、文本运算符和比较运算符，其中算术运算符和文本运算符优先于比较运算符。

- **算术运算符：** 通常用于基本的数学运算，包括+（加）、-（减）、*（乘）、/（除）和^（乘方）等基本的运算符号，这种运算符的运算结果为数值。
- **文本运算符：** 只包含一个连接字符&，其作用是将前后两个字符串连在一起并生成一个字符串。
- **比较运算符：** 通常用于比较都是数值、字符或日期的数据，包括=（等于）、>（大于）、<（小于）、>=（大于等于）、<=（小于等于）和<>（不等于）等运算符号，这种运算符的运算结果为逻辑值true或false。

（二）单元格引用

在公式或函数中，一个引用地址代表工作表中的一个或一组单元格。单元格引用的目的在于标识表格中的单元格或单元格区域，并指明公式中使用数据的地址。在Excel 2016中，单元格引用分为相对引用、绝对引用、混合引用，它们具有不同的含义。

- **相对引用。** 相对引用是指在含有公式的单元格的位置发生改变时，单元格中的公式也会随之发生相应的变化。在默认情况下，Excel 2016使用的都是相对引用。
- **绝对引用。** 绝对引用是指将公式复制到新位置后，公式中的单元格地址固定不变，与包含公式的单元格位置无关。使用绝对引用时，引用单元格的列标和行号之前需添加"$"符号。

- **混合引用。**混合引用是指在一个单元格地址引用中，既有相对引用，又有绝对引用。如果公式所在单元格的位置改变，则相对引用改变，而绝对引用不变。混合引用的方法与绝对引用的方法相似。

（三）公式与函数

公式与函数是计算表格数据不可缺少的工具，熟练掌握其操作方法可大幅度提高工作效率。下面介绍Excel 2016公式与函数的含义和使用方法。

- **公式的含义。**公式是计算单元格或单元格区域内数据的等式，它有一个特定的结构或次序：最前面是"="符号，后面是参与计算的元素和运算符号，如图4-2所示。元素可以是常量、引用单元格或单元格区域、名称等。
- **公式的使用。**在Excel 2016中输入公式的方法很简单，选择要输入公式的单元格，单击编辑栏，将插入点定位至编辑栏中，输入"="后再输入公式内容。输入完成后按【Enter】键即可将公式运算的结果显示在所选单元格中，如图4-3所示。

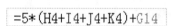

$$=5*(H4+I4+J4+K4)+G14$$

图4-2　公式的构成

图4-3　公式的使用

- **函数的含义。**Excel 2016将具有特定功能的一组公式组合在一起形成函数，通过它可简化公式的用法。函数一般包括等号、函数名、参数3部分，如"=MIN（A1:F20）"，此函数表示对A1:F20单元格区域内的所有数据求最小值。
- **函数的使用。**利用Excel 2016提供的"插入函数"对话框可以插入Excel 2016自带的任意函数，具体操作方法为：在工作表中选择要存放计算结果的单元格，在【公式】/【函数库】组中单击"插入函数"按钮 *fx*，打开"插入函数"对话框，其中提供了不同类别的函数，选择要插入的函数，单击 确定 按钮；打开"函数参数"对话框，如图4-4所示，在其中设置单元格的范围，单击 确定 按钮完成函数的插入操作。

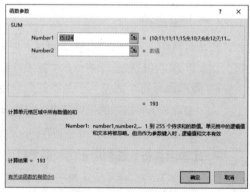

图4-4　"函数参数"对话框

三、任务实施

（一）利用公式计算笔试成绩

完成本任务应先打开素材文件"应聘人员成绩单.xlsx"，然后利用公式计算每位应聘人员的笔试成绩，具体操作如下。

（1）打开素材文件"应聘人员成绩单.xlsx"（素材所在位置：素材文件\项目四\任务一\应聘人员成绩单.xlsx），选择"Sheet1"工作表中的L5单元

微课视频

利用公式计算笔试成绩

格，在编辑栏中输入"="符号，如图4-5所示。

（2）单击工作表中的H5单元格，此时该单元格周围出现闪烁的边框，在编辑栏中继续输入算术运算符"+"，如图4-6所示。

图4-5　定位插入点并输入运算符

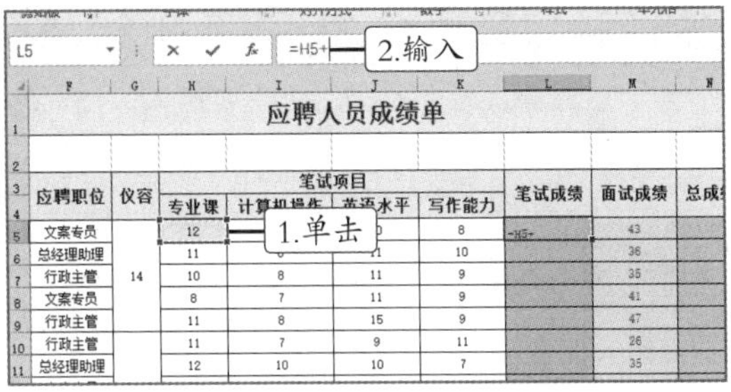

图4-6　单击H5单元格并输入运算符

（3）单击I5单元格，在编辑栏中输入算术运算符"+"。按照相同的操作方法，引用J5和K5单元格，并输入算术运算符"+"，如图4-7所示。

（4）完成公式输入操作后，单击工作表编辑区中的"输入"按钮✔或直接按【Enter】键，即可在L5单元格中查看计算结果，如图4-8所示。

图4-7　引用其他单元格并输入运算符

图4-8　查看计算结果

（5）选择L5单元格，将鼠标指针移至该单元格右下角，当鼠标指针变为╋形状时，按住鼠标左键并向下拖曳鼠标，如图4-9所示。

（6）选择L6:L24单元格区域后释放鼠标左键，完成公式的复制，该单元格区域内自动显示相应的计算结果，如图4-10所示。

图4-9　从单元格右下角向下拖曳

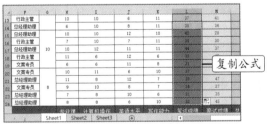

图4-10　释放鼠标左键后显示计算结果

（二）统计总成绩和平均成绩

计算完笔试成绩后，下面利用SUM函数和AVERAGE函数分别计算总成绩和平均成绩，然后复制公式。其中主要包括单元格引用和插入并编辑函数等内容，具体操作如下。

（1）在"Sheet1"工作表中选择N5单元格，按【Shift+F3】组合键或在【公式】/【函数库】组中单击"插入函数"按钮*fx*，如图4-11所示。

微课视频

统计总成绩和
平均成绩

（2）打开"插入函数"对话框，在"或选择类别"下拉列表中选择"常用函数"选项，在"选择函数"列表框中选择"SUM"选项，如图4-12所示，单击 确定 按钮。

图4-11 选择N5单元格并单击"插入函数"按钮

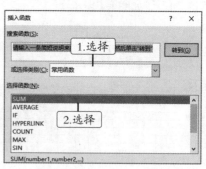

图4-12 选择要插入的函数

（3）打开"函数参数"对话框，在"Number1"文本框中自动匹配了要引用的单元格。因为引用单元格有误，所以单击"Number1"文本框右侧的"收缩"按钮，如图4-13所示。

（4）按住鼠标左键并拖曳鼠标，在当前工作表中选择L5:M5单元格区域，单击"函数参数"对话框中的"展开"按钮，如图4-14所示。

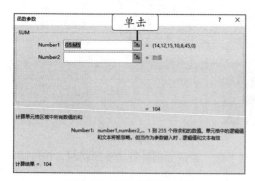

图4-13 单击"收缩"按钮

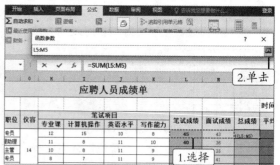

图4-14 选择引用单元格并单击"展开"按钮

（5）返回"函数参数"对话框，单击 确定 按钮完成函数的插入操作，并在N5单元格中显示计算结果。

（6）将插入点定位至编辑栏中的右括号之后，输入运算符"+"和要引用的G5单元格，如图4-15所示。

（7）保持插入点的位置不变，按【F4】键，将G5单元格的引用变为绝对引用，单击工作表编辑区中的"输入"按钮，如图4-16所示。

（8）此时，N5单元格自动显示计算结果，将鼠标指针定位到N5单元格右下角，当鼠标指针变为＋形状时，按住鼠标左键并向下拖曳鼠标至N8单元格后释放鼠标左键。

图4-15 输入运算符和要引用的单元格

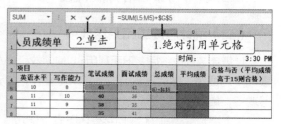

图4-16 绝对引用单元格

（9）使用相同的方法，计算N列其他单元格的总成绩，如图4-17所示。

（10）选择O5单元格，单击工作表编辑区中的"插入函数"按钮 *fx*，打开"插入函数"对话框，在"常用函数"类别中选择AVERAGE函数，单击 确定 按钮，如图4-18所示。

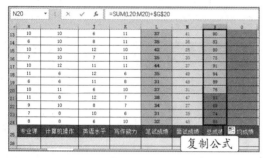

图4-17 计算其他单元格的总成绩

图4-18 选择要插入的函数

> **知识补充** **"自动填充选项"按钮**
>
> 利用鼠标进行复制操作后，在最末单元格的右下角自动弹出"自动填充选项"按钮，单击该按钮，弹出一个下拉列表，其中提供了4个单选项。选中"复制单元格"单选项，可同时复制单元格格式和运算模式；选中"仅填充格式"单选项，可只复制所选单元格格式；选中"不带格式填充"单选项，可只复制所选单元格运算模式；选中"快速填充"单选项，可复制相邻单元格的公式和格式。

（11）打开"函数参数"对话框，按【Delete】键将"Number1"文本框中引用的单元格区域删除，输入要运算的参数，单击 确定 按钮，如图4-19所示。

（12）将鼠标指针定位至O5单元格右下角，当鼠标指针变为＋形状时，按住鼠标左键并向下拖曳鼠标至O24单元格后释放鼠标左键，复制公式，如图4-20所示。

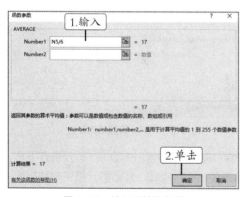

图4-19 输入运算的参数

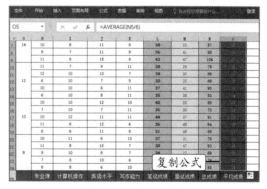

图4-20 复制公式

（三）计算最高分与最低分

成功计算出所有应聘人员的总成绩、平均成绩和笔试成绩后，下面从中筛选出笔试项目，以及笔试成绩、面试成绩、总成绩、平均成绩的最高分和最低分，利用Excel 2016提供的MAX函数和MIN函数便可轻松实现，具体操作如下。

（1）选择当前工作表中的H26单元格，在【公式】/【函数库】组中单击"插入函数"按钮 *fx*，打开"插入函数"对话框，在"常用函数"类别中选

微课视频

计算最高分与最低分

择MAX函数，单击 确定 按钮。

（2）打开"函数参数"对话框，在"Number1"文本框中将引用单元格区域修改为"H5:H24"，单击 确定 按钮，如图4-21所示。

（3）将鼠标指针定位至H26单元格右下角，当鼠标指针变为╋形状时，按住鼠标左键并向右拖曳鼠标至O26单元格后释放鼠标左键，复制公式，并将单元格中的数据居中显示，如图4-22所示。

图4-21　设置函数参数

图4-22　复制公式

（4）选择H27单元格，打开"插入函数"对话框。在"或选择类别"下拉列表中选择"统计"选项，在"选择函数"列表框中选择"MIN"选项，单击 确定 按钮，如图4-23所示。

（5）打开"函数参数"对话框，按【Delete】键将"Number1"文本框中引用的单元格区域删除，输入参与运算的单元格区域，这里输入"H5:H24"，单击 确定 按钮，如图4-24所示。

图4-23　选择插入的函数

图4-24　设置函数参数

（6）此时，在H27单元格中显示面试成绩最小值。将鼠标指针定位至H27单元格右下角，按住鼠标左键并向右拖曳鼠标至O27单元格后释放鼠标左键，复制公式，并将单元格中的数据居中显示，如图4-25所示。

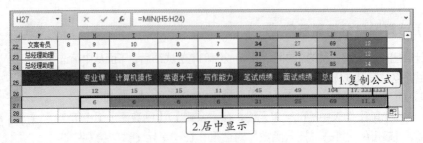

图4-25　复制公式

(四) 分析合格人员

通过成绩单,用人单位不仅可以清晰地了解每位应聘者的综合能力,而且能从中快速挑选出符合应聘要求的人才。下面利用IF函数筛选出符合本单位发展需求的人员,具体操作如下。

微课视频

分析合格人员

(1)选择P5单元格,在【公式】/【函数库】组中单击"插入函数"按钮 f_x ,打开"插入函数"对话框。在"或选择类别"下拉列表中选择"逻辑"选项,在"选择函数"列表框中选择"IF"选项,单击 确定 按钮,如图4-26所示。

(2)打开"函数参数"对话框,在"Logical_test"文本框中输入IF函数的判断条件"O5>15",如图4-27所示。

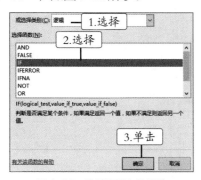

图4-26　选择要插入的函数

图4-27　设置判断条件

(3)在"Value_if_true"文本框中输入符合条件的逻辑值""合格"",在"Value_if_false"文本框中输入不符合条件的逻辑值""不合格"",单击 确定 按钮,如图4-28所示。

(4)将鼠标指针定位至P5单元格右下角,按住鼠标左键并向下拖曳鼠标,将该单元格中的函数复制到P6:P24单元格区域,最终效果如图4-29所示。(效果所在位置:效果文件\项目四\任务二\应聘人员成绩单.xlsx。)

图4-28　设置逻辑值

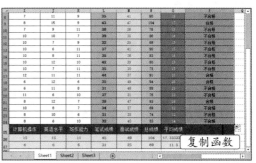

图4-29　复制函数

操作提示	利用快捷键复制公式

　　选择工作表中含有公式且需要复制的单元格，将鼠标指针移至所选单元格的边框上，当其变为✣形状时，按住【Ctrl】键，此时鼠标指针变为☊形状，按住【Ctrl】键和鼠标左键并拖曳鼠标，同样可以复制单元格中的公式。

任务二　制作新员工培训成绩汇总表

　　经过一轮严格的笔试和面试，公司从应聘人员中筛选出了一批表现比较优秀的人才。为了保证新员工上岗后能胜任相关的工作，公司决定对这些新员工进行短期培训，培训项目包括规章制度、法律知识、财务知识、电脑操作等。

一、任务目标

　　米拉出色地完成了老洪交给她的应聘人员成绩计算任务，对于此次新员工培训成绩的汇总工作，老洪决定还是由米拉来完成。在此之前，米拉需要先统计新员工的个人信息、管理人员意见等，然后将统计结果汇总到培训成绩表中。完成该任务需要掌握Excel 2016在数据管理方面的相关知识，主要包括数据的排序、筛选、分类汇总，数据有效性，记录单的使用等。本任务完成后的最终效果如图4-30所示。

图4-30　新员工培训成绩汇总表的最终效果

二、相关知识

　　本任务的重点是学会使用Excel 2016的数据管理功能，通过它可以轻松完成复杂数据的管理和统计工作，特别是在处理有庞大数据量的表格时。下面介绍记录单的使用，以及数据的排序、筛选和分类汇总功能。

（一）利用记录单管理数据

　　记录单实质上就是一个二维表格，以列为字段，以行为记录，即一列表示一个字段，一行表示一条记录，一条记录就是一个完整的数据集合，因此，通过记录单功能可以轻松管理复杂工作表中的数据。在工作表中使用记录单输入字段或记录时，Excel 2016会自动创建对应的数据库，并将各种数据信息集合在图4-31所示的对话框中，其中常用按钮的作用如下。

图4-31　"Sheet1"对话框

- 新建(W) **按钮：** 单击该按钮，在各文本框中输入相应内容后按【Enter】键，可快速在所选单元格区域的最后添加一条新记录。
- 删除(D) **按钮：** 单击该按钮，可将当前记录从表格中删除。
- 上一条(P) **按钮：** 单击该按钮，可切换至上一条数据记录。
- 下一条(N) **按钮：** 单击该按钮，可切换到下一条数据记录。
- 条件(C) **按钮：** 单击该按钮，在文本框中输入要查找的关键字后按【Enter】键，记录单对话框自动查找符合条件的记录并将其显示出来。

Excel 2016默认工作界面中没有记录单功能，在使用该功能时，需要先将其添加到工作界面中，具体操作方法为：选择【文件】/【选项】命令，打开"Excel 选项"对话框，在左侧的列表框中单击"自定义功能区"选项卡；在"从下列位置选择命令"下拉列表中选择"不在功能区中的命令"选项，在其下方的列表框中选择"记录单"选项；在其右侧的列表框中选择要添加到的选项卡，单击 新建组(N) 按钮，新建一个组；单击 重命名(M) 按钮，在打开的"重命名"对话框中更改新建组的名称，单击 确定 按钮，返回"Excel 选项"对话框；单击 添加(A) >> 按钮，将"记录单"功能按钮添加到相应的选项卡中，这里添加到"插入"选项卡中，如图4-32所示，单击 确定 按钮。

需要注意，因为添加的字段各不相同，所以打开的记录单对话框也有所不同。

图4-32　添加记录单功能

（二）排序、筛选、分类汇总

利用Excel 2016强大的数据排序、筛选、分类汇总功能，可以快速浏览、查询、统计表格中的相关数据，从而获取更多有价值的数据信息，便于公司做出正确的预测和判断。下面介绍各功能的含义。

- **排序。** 数据排序是指根据存储在表格中的数据种类，将其按一定的方式重新排列。Excel 2016的数据排序包括简单排序、高级排序、自定义排序3种方式。选择需要排序的数据列中的任意单元格，在【数据】/【排序和筛选】组中单击"升序"按钮↓或"降序"按钮↑可进行简单排序。要进行高级排序或自定义排序，需要打开"排序"对话框进行设置。
- **筛选。** 利用数据筛选功能，可在表格中选择性地查看满足条件的记录。Excel 2016提供了自动筛选和高级筛选两种方式。选择需要筛选的工作表的表头，在【数据】/【排序和筛选】组中单击"筛选"按钮▼，利用表头中各字段右侧出现的下拉按钮▼，可实现自动筛选操作。进行高级筛选操作则需要单击"高级"按钮▼，在打开的"高级筛选"对话框中进行设置。
- **分类汇总。** 利用Excel 2016的分类汇总功能可以将数据按设置的类别分类，还可以对汇总的数据进行求和、计数、乘积等操作。首先对需要进行分类汇总的数据进行排序，然后在【数据】/【分级显示】组中单击"分类汇总"按钮，在打开的"分类汇总"对话框中设置分类字段和汇总方式，最后单击 确定 按钮即可实现分类汇总。

三、任务实施

（一）利用记录单管理数据

若表格所含行列较多，则逐行、逐列查找要添加记录的位置比较麻烦，此时可利用记录单管理数据。完成本任务需先在表格中添加一条新记录，然后将员工"李艳"的"商务礼仪"成绩改为"88"，具体操作如下。

（1）打开"新员工培训成绩汇总.xlsx"工作簿（素材所在位置：素材文件\项目四\任务二\新员工培训成绩汇总.xlsx），在【插入】/【记录单】组中单击"记录单"按钮，如图4-33所示。

（2）打开"Sheet1"记录单对话框，单击右侧的 条件(C) 按钮，在"姓名"文本框中输入文本"李艳"，按【Enter】键即可将该条记录的所有数据显示出来，如图4-34所示。

微课视频

利用记录单管理数据

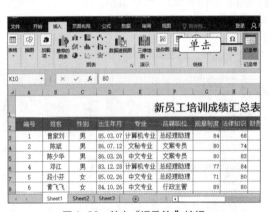

图4-33　单击"记录单"按钮　　　　图4-34　查找要修改的记录

（3）将插入点定位至"商务礼仪"文本框中，按【Delete】键将原始成绩删除，重新输入新的成绩"88"，单击 新建(W) 按钮，如图4-35所示。

（4）在文本框中输入新添加记录的相关数据，如图4-36所示，按【Enter】键将记录添加到工作表中，单击 关闭(L) 按钮。

图4-35　使用记录单修改数据　　　图4-36　使用记录单添加数据

（5）返回"Sheet1"工作表，在M21单元格中显示计算错误。选择M3单元格，在编辑栏中将RNAK.EQ函数的绝对引用单元格区域修改为"L3:L21"，按【Enter】键即可显示正确的计算结果，复制M3单元格中的公式至M4:M21单元格区域。

（二）按成绩重新排列数据

当表格中出现相同数据时，简单排序操作显然不能满足实际需要。下面通过高级排序对表格中新员工的成绩进行降序排列，具体操作如下。

（1）选择"Sheet1"工作表中包含数据的任意一个单元格，如E4单元格，在【数据】/【排序和筛选】组中单击"排序"按钮，如图4-37所示。

（2）打开"排序"对话框，在"主要关键字"下拉列表中选择"总成绩"选项，在"次序"下拉列表中选择"降序"选项，单击 添加条件(A) 按钮，如图4-38所示。

图4-37　选择单元格并单击"排序"按钮

图4-38　设置主要关键字及排列次序

（3）此时"排序"对话框中添加了"次要关键字"。在"次要关键字"下拉列表中选择"规章制度"选项，在"次序"下拉列表中选择"降序"选项，单击 确定 按钮，如图4-39所示。

（4）返回工作表中，此时总成绩按降序方式排列，遇到相同数据时，再根据"规章制度"的成绩降序排列，如图4-40所示。

图4-39　设置次要关键字及排列次序

专业	应聘职位	规章制度	法律知识	财务知识	电脑操作	商务礼仪	总成绩
中文专业	行政主管	86	81	92	91	84	434
计算机专业	总经理助理	77	84	90	87	84	422
中文专业	行政主管	79	82	88	82	90	421
计算机专业	总经理助理	90	89	80	78	83	420
文秘专业	文案专员	80	74	92	90	84	420
中文专业	行政主管	89	79	76	85	89	418
中文专业	文案专员	80	83	87	79	88	417

新员工培训成绩汇总表

图4-40　排序效果

（三）筛选不合格的员工

利用筛选功能可以查找出满足条件的数据记录，下面使用自动筛选功能快速查找出培训成绩不合格的新员工，具体操作如下。

（1）在"Sheet1"工作表中选择包含数据的任意一个单元格，这里选择G3单元格，在【数据】/【排序和筛选】组中单击"筛选"按钮，如图4-41所示。

（2）此时，在表头中各字段右下角自动出现下拉按钮，单击"是否合格"表头右下角的下拉按钮▼，在弹出的下拉列表中取消勾选"合格"复选框，单击 确定 按钮，如图4-42所示。

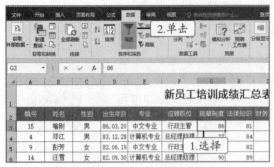

图4-41　单击"筛选"按钮　　　　　　　　　图4-42　筛选不合格员工

（3）返回工作表中，此时系统根据给定的约束条件自动筛选出符合条件的记录，如图4-43所示。

图4-43　查看自动筛选结果

操作提示　　　　　　　　　　**自定义筛选方式**

单击表头字段右下角的下拉按钮▼，如果表头字段下方是数字，则会在弹出的下拉列表中显示"数字筛选"选项；如果表头字段下方是文本，则会在弹出的下拉列表中显示"文本筛选"选项。若选择"数字筛选"中的"自定义筛选"选项，则打开"自定义自动筛选方式"对话框，在其中可以同时自定义两个筛选条件，单击 确定 按钮，可以实现数字筛选操作；若选择"文本筛选"中的"自定义筛选"选项，则可实现文本筛选操作。

（四）按专业分类汇总培训成绩

利用Excel 2016的分类汇总功能可以更加清晰地了解表格中的数据信息，下面按专业分类汇总新员工的培训成绩，具体操作如下。

（1）在【数据】/【排序和筛选】组中单击"筛选"按钮▼，取消"Sheet1"工作表中的数据筛选状态。

（2）选择需进行分类汇总的数据，这里选择E2单元格，在【数据】/【排序和筛选】组中单击"降序"按钮 ，如图4-44所示。

（3）在【数据】/【分级显示】组中单击"分类汇总"按钮 ，打开"分类汇总"对话框。在"分类字段"下拉列表中选择"专业"选项，在"汇总方式"下拉列表中选择"最大值"选项，如图4-45所示。

微课视频

按专业分类汇总
培训成绩

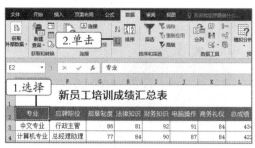

图4-44 选择单元格并单击"降序"按钮

图4-45 设置分类字段和汇总方式

（4）在"选定汇总项"列表框中勾选"总成绩"复选框，单击 ▢确定 按钮，如图4-46所示。

（5）此时，在"Sheet1"工作表中，Excel 2016按"专业"分类汇总出总成绩的最大值，最终效果如图4-47所示。（效果所在位置：效果文件\项目四\任务二\新员工培训成绩汇总.xlsx。）

知识补充　　　　**控制汇总数据的显示方式**

对数据进行分类汇总操作后，工作表的左上角会显示"分级"按钮 ▢1▢2▢3 ，单击该按钮可以控制汇总数据的显示方式。单击 ▢1 按钮，可隐藏分类后的所有数据，只显示分类汇总后的总计记录；单击 ▢2 按钮，只显示汇总的分类字段和选择的汇总项的相关数据；单击 ▢3 按钮，显示所有分类数据。

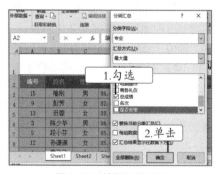

图4-46 选择汇总项

1 2 3	D	E	F	G	H	I	J	K	L
			新员工培训成绩汇总表						
	出生年月	专业	应聘职位	规章制度	法律知识	财务知识	电脑操作	商务礼仪	总成绩
3	86.03.20	中文专业	行政主管	86	81	92	91	84	434
4	82.06.19	中文专业	行政主管	79	82	88	82	90	421
5	88.06.13	中文专业	行政主管	89	79	76	85	89	418
6	86.03.26	中文专业	文案专员	80	83	87	79	88	417
7	85.02.26	中文专业	总经理助理	71	80	87	85	91	414
8	85.03.08	中文专业	行政主管	83	84	75	79	79	410
9	84.10.26	中文专业	行政主管	89	80	78	83	79	409
10	85.02.27	中文专业	行政主管	85	80	75	69	82	391
11		中文专业 最大值							434
12	86.07.12	文案专员		80	74	92			420

图4-47 分类汇总效果

▨ 任务三　制作新员工技能考核统计表

制作技能考核表是解决人力资源管理难题的一种重要手段，对有效实施人力资源管理具有重大意义。同时，技能考核表对于员工的招聘与发展也有重大意义。针对不同的岗位，考核项目会有所不同。

一、任务目标

培训结束之后，为了让新员工很快胜任工作，人力资源部门决定在分配任务之前全面考核新员工的技能，该项任务将由米拉来完成。完成该任务需要利用图表来直观显示数据，然后根据需要美化图表，从而达到有效传递数据信息的目的。本任务完成后的最终效果如图4-48所示。

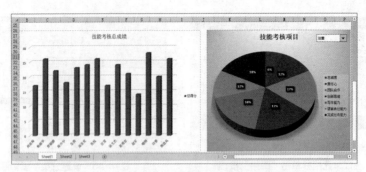

图4-48　新员工技能考核统计表的最终效果

二、相关知识

要想清晰地呈现数据间的某种相对关系，一个简单且直观的方式是在表格中添加图表。本任务通过柱形图来展示表格中各项数据间的相对关系，使数据变得更加生动、形象。下面介绍图表的类型与应用，以及基本构成。

（一）图表类型与应用

图表是Excel 2016中重要的数据分析工具，Excel 2016提供了多种图表类型，包括柱形图、条形图、折线图、饼图和面积图等，用户可根据情况选用适合的图表。下面介绍常用图表类型及其适用情况。

- **柱形图。**柱形图常用于显示一段时间内数据变化或各项数据之间的对比情况。例如，某国家的GDP近几年呈现出逐年增长的趋势，利用柱形图就能直观地看出数据的变化趋势。
- **条形图。**条形图与柱形图的用法相似，但数据位于y轴，值位于x轴，其坐标轴的位置与柱形图相反。条形图主要用于突出数值的差异，会淡化时间和类别的差异。例如，将销售量与商品剩余量显示在同一个条形中，用户就能清晰地看出销售量与商品剩余量之间的关系。
- **折线图。**折线图主要用于表示数据随时间推移而变化的情况，以点状图形为数据点，并由左向右，用直线将各点连接成为折线，它强调的是数据的时间性和变化率。例如，全国居民消费价格涨跌幅度就可以使用折线图来表示，如图4-49所示。
- **饼图。**饼图用于显示一个数据系列中各项数据的大小与各项数据总和的比例，可直观地显示项目的组成结构与比重。例如，需要统计兴趣班在不同年龄阶段的覆盖率，在得到真实的样本数据后，就可以制作饼图来分析。
- **面积图。**面积图用于显示每个数值的变化量，强调数据随时间变化的幅度，还能直观地体现整体和部分的关系。

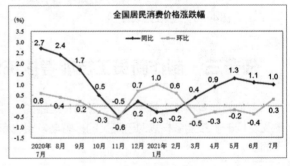

图4-49　折线图

（二）常见图表构成

Excel 2016提供了多种不同类型的图表，其组成元素也不完全相同，但图表区和绘图区是图表构成中必不可少的两个部分。下面以常见的柱形图为例，介绍图表的组成部分。图4-50所示为已经创建好的柱形图，其中包括图表区、绘图区、图表标题、图例、坐标轴等，各组成部分的作用如下。

- **图表区**。图表区是指整个图表对象，将鼠标指针定位至图表边框或紧邻图表边框的空白区域，单击即可选择整个图表。
- **绘图区**。绘图区是图表的核心组成部分，其中包括需要显示和分析的图形化数据，包括数据系列、数据标签、坐标轴等。
- **图表标题**。图表标题即图表名称，可以根据需要修改图表标题，也可以调整图表标题显示位置或隐藏图表标题。
- **图例**。图例是指绘图区中每一组数据系列对应的数据对象。一般来说，当绘图区中只有一组数据系列时，可将图例隐藏；当存在多组数据系列时，建议将图例显示在图表区中。
- **坐标轴**。Excel 2016中只有少数类型的图表没有坐标轴，如饼图。坐标轴分为垂直轴和水平轴两种，其作用在于辅助表现数据系列要传达的数据信息。
- **数据系列**。数据系列中的每种图形对应一组表格数据，并以相同的颜色或图案显示。通过数据系列可以直观地查看对应数据的变化情况。
- **数据标签**。数据标签的主要作用是将具体数值显示在对应的数据系列上面，以便用户详细了解数据信息。

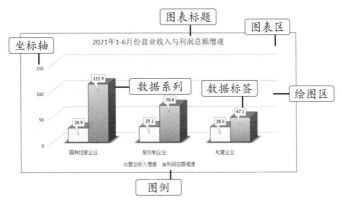

图4-50 柱形图的组成

三、任务实施

（一）创建柱形图分析考核成绩

下面通过柱形图来分析考核成绩，具体操作如下。

（1）打开素材文件"新员工技能考核统计表.xlsx"（素材所在位置：素材文件\项目四\任务三\新员工技能考核统计表.xlsx），在"Sheet1"工作表中选择一个包含数据的单元格，在【插入】/【图表】组中单击"插入柱形图或条形图"按钮，在弹出的下拉列表中选择"三维柱形图"栏中的"三维簇状柱形图"选项，如图4-51所示。

（2）此时表格中创建了柱形图。在【图表工具 设计】/【数据】组中单击"选择数据"按钮，打开"选择数据源"对话框，单击"图表数据区域"文本框右侧的"收缩"按钮，如图4-52所示。

微课视频

创建柱形图分析
考核成绩

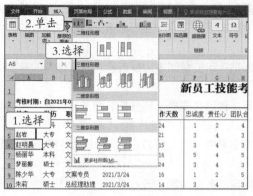

图4-51　选择柱形图

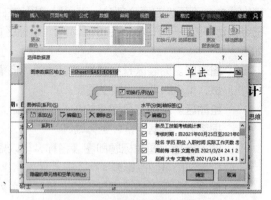

图4-52　单击"收缩"按钮

（3）按住鼠标左键并拖曳鼠标，在工作表中选择A4:A19单元格区域，按住【Ctrl】键继续选择M3:M19单元格区域，单击收缩对话框中的"展开"按钮，如图4-53所示。

（4）返回"选择数据源"对话框，确认所选数据区域无误后单击 确定 按钮，插入三维簇状柱形图，如图4-54所示。

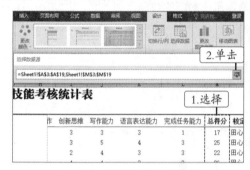

图4-53　选择图表中的数据源

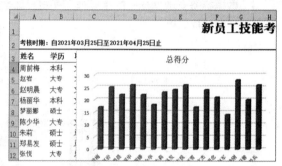

图4-54　插入图表后的效果

（二）编辑柱形图

在表格中插入图表后，图表默认的位置、大小、格式等往往不能达到预期效果，此时需要进一步编辑图表，具体操作如下。

微课视频

编辑柱形图

（1）单击图表区选择插入的柱形图，将鼠标指针移至右下角的控制点上，按住鼠标左键并向左上角拖曳鼠标，将图表适当放大后释放鼠标左键，如图4-55所示。

（2）将鼠标指针移至图表区的空白区域，按住鼠标左键并拖曳鼠标，适当调整图表位置，如图4-56所示。

图4-55　调整图表尺寸

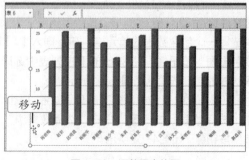

图4-56　调整图表位置

操作提示　　　　　　　　　　**手动调整图表宽度和高度**

　　将鼠标指针定位到图表左右两条边中间的控制点上，按住鼠标左键并拖曳鼠标，可适当调整图表的宽度；将鼠标指针定位至上下两条边中间的控制点上，按住鼠标左键并拖曳鼠标，可适当调整图表的高度。

　　（3）在【图表工具 设计】/【图表布局】组中单击"快速布局"按钮，在弹出的下拉列表中选择快速样式"布局1"，如图4-57所示。

　　（4）在图表中添加图表标题，将插入点定位至图表标题中，按【BackSpace】键删除其中默认的文本，输入文本"技能考核总成绩"，如图4-58所示。

　　（5）在【图表工具 设计】/【数据】组中单击"选择数据"按钮，打开"选择数据源"对话框，在"水平（分类）轴标签"列表框中取消勾选"赵岩""赵明晨"复选框，如图4-59所示。

　　（6）单击 确定 按钮，此时，在原有的柱形图中自动减少了两个数据系列，如图4-60所示。

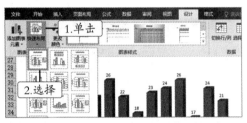

图4-57　选择"布局1"选项

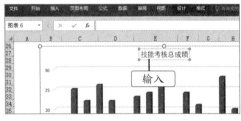

图4-58　输入图表标题

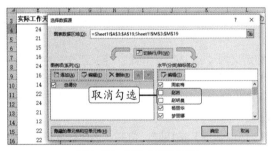

图4-59　更改水平轴标签

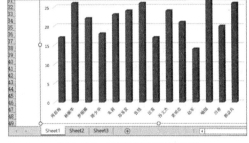

图4-60　查看更改后的柱形图

（三）利用饼图分析考核情况

　　由于考核得分情况都比较接近，所以无法简单地根据数据比较员工的技能，此时可借助Excel 2016提供的饼图进行分析，具体操作如下。

　　（1）选择【文件】/【选项】命令，打开"Excel 选项"对话框，单击"自定义功能区"选项卡，在右侧的"主选项卡"列表框中勾选"开发工具"复选框，单击 确定 按钮。

　　（2）此时，Excel 2016功能区中新增一个【开发工具】选项卡。在【开发工具】/【控件】组中单击"插入"按钮，在弹出的下拉列表中选择"表单控件"中的"组合框（窗体控件）"选项，如图4-61所示。

　　（3）将鼠标指针定位至M21单元格的位置，按住鼠标左键并向右拖曳鼠标，绘制一个组合框，如图4-62所示。

微课视频

利用饼图分析考核
情况

图4-61　选择表单控件

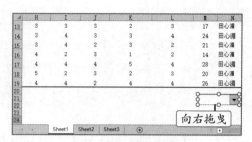

图4-62　绘制控件

（4）在绘制的组合框上单击鼠标右键，在弹出的快捷菜单中选择【设置控制格式】命令，打开"设置对象格式"对话框，在"控制"选项卡中设置数据源区域和单元格链接，如图4-63所示，单击 确定 按钮。

（5）在【公式】/【定义的名称】组中单击"定义名称"按钮🗐，打开"新建名称"对话框。在"名称"文本框中输入文本"区域"，在"引用位置"文本框中输入公式"=Sheet1!\$F\$3:\$L\$3"，单击 确定 按钮，如图4-64所示。

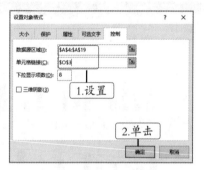

图4-63　设置组合框的控制参数

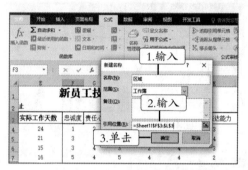

图4-64　定义单元格名称

（6）按照相同的操作方法，将O3单元格的名称定义为"NUM"。同时，定义工作表中任意一个单元格的名称为"数据"，对应的引用位置为"=OFFSET(区域,NUM,0)"，如图4-65所示。

（7）选择"Sheet1"工作表中包含数据的任意一个单元格，在【插入】/【图表】组中单击"饼图"按钮👤，在弹出的下拉列表中选择"三维饼图"选项。

（8）在【图表工具 设计】/【数据】组中单击"选择数据"按钮🗔，打开"选择数据源"对话框，单击 ✕删除(B) 按钮，如图4-66所示。

（9）在"选择数据源"对话框中的"图例项（系列）"列表框中单击 添加(A) 按钮，打开"编辑数据系列"对话框，设置"系列名称"和"系列值"，单击 确定 按钮，如图4-67所示。

（10）返回"选择数据源"对话框，在"水平（分类）轴标签"列表框中单击 编辑 按钮，打开"轴标签"对话框，在"轴标签区域"文本框中输入公式"=Sheet1!区域"，如图4-68所示。

图4-65　定义单元格名称

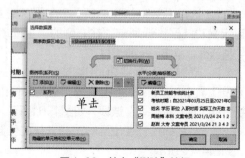

图4-66　单击"删除"按钮

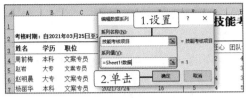

图4-67　编辑数据系列　　　　　　　　　　图4-68　编辑轴标签区域

（11）返回"选择数据源"对话框，单击 确定 按钮，查看插入的饼图。

（四）美化三维饼图

为了让插入的图表美观，并且能够清晰地反映表格中的数据信息，下面
对三维饼图进行美化，具体操作如下。

微课视频

美化三维饼图

（1）选择插入的饼图，在【格式】选项卡中单击"排列"按钮，在弹出
的下拉列表中单击"下移一层"按钮 下方的下拉按钮 ，在弹出的下拉列表
中选择"置于底层"选项，如图4-69所示。

（2）保持饼图的选择状态，适当调整其大小和位置，然后将绘制的组合
框移至饼图的右上角，如图4-70所示。

图4-69　设置饼图的排列方式

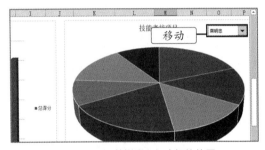

图4-70　调整饼图和组合框的位置

（3）选择插入的饼图，在【图表工具 设计】/【图表样式】组中的样式列表中选择"样式
3"选项，如图4-71所示。

（4）单击饼图右上角的组合框，在弹出的下拉列表中选择想要查看的员工姓名后，在饼图中
将自动显示该员工的各科考核情况，如图4-72所示（效果所在位置：效果文件\项目四\任务三\新
员工技能考核统计表.xlsx）。

图4-71　美化图表

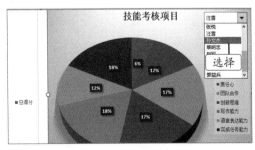

图4-72　查看考核结果

操作提示　　　　　　　　　　　**快速设置图表**

　　将鼠标指针定位至图表中的任意一个组成部分上双击，可快速打开对应的任务窗格，在其中可设置文本选项、填充效果、大小与属性等。例如，在图例上双击，打开"设置图例格式"任务窗格，在其中可设置图例的填充颜色、边框、大小和位置等。

实训一　制作人才储备表

【实训要求】

　　完成本实训需要熟练掌握记录单的使用方法、数据的筛选和排序方法、表格分类汇总的方法。本实训完成后的最终效果如图4-73所示（效果所在位置：效果文件\项目四\实训一\人才储备表.xlsx）。

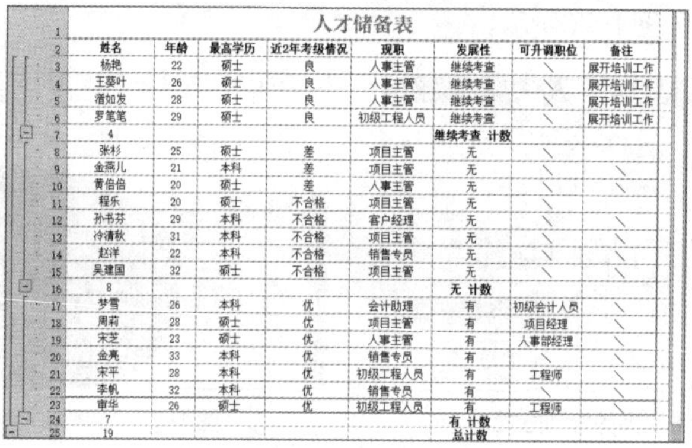

图4-73　人才储备表的最终效果

【实训思路】

　　完成本实训需要先利用记录单添加数据并按升序排列"发展性"数据列的数据，然后通过"分类汇总"对话框设置分类汇总参数，最后得出分类汇总结果，其操作思路如图4-74所示。

①使用记录单添加数据　　②升序排列"发展性"列的数据　　③分类汇总数据

图4-74　制作人才储备表的思路

【步骤提示】

　　（1）打开"人才储备表.xlsx"工作簿，利用记录单添加名为"罗笔笔"的人员记录。

（2）选择F2单元格，在【数据】/【排序和筛选】组中单击"升序"按钮$\begin{smallmatrix}A\\Z\end{smallmatrix}$↓。

（3）在【数据】/【分级显示】组中单击"分类汇总"按钮🔠，打开"分类汇总"对话框。在"分类字段"下拉列表中选择"发展性"选项，在"汇总方式"下拉列表中选择"计数"选项，在"选定汇总项"列表框中勾选"姓名"复选框，单击 确定 按钮。

实训二　制作成绩表

【实训要求】

完成本实训需要先利用函数计算总分和平均分，然后筛选出总分大于450的数据，再插入柱形图对表格数据进行分析，最后对图表进行美化设置。本实训完成后的最终效果如图4-75所示（效果所在位置：效果文件\项目四\实训二\成绩表.xlsx）。

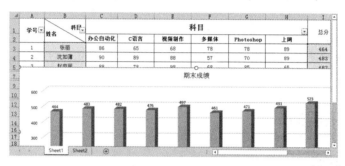

图4-75　成绩表的最终效果

【实训思路】

完成本实训需要先使用SUM和AVERAGE函数分别计算总分和平均分，然后自动筛选出总分大于450的学生，最后插入和美化柱形图，其操作思路如图4-76所示。

①计算总分和平均分　　　　②筛选数据　　　　③插入并美化柱形图

图4-76　制作成绩表的思路

【步骤提示】

（1）启动Excel 2016，打开"成绩表"工作簿，选择I3单元格，在【公式】/【函数库】组中单击"自动求和"按钮Σ，确认计算参数无误后，按【Enter】键显示计算结果（即总分）。

（2）复制I3单元格中的公式至I4:I15单元格区域，按照相同的操作方法，利用AVERAGE函数计算平均分。

（3）选择I1单元格，在【数据】/【排序和筛选】组中单击"筛选"按钮▼，单击"总分"单元格右侧的下拉按钮▼，在打开的下拉列表中选择【数字筛选】/【大于】选项，在打开的"自定义自动筛选方式"对话框中设置筛选条件为"大于，450"。

（4）在表格中插入三维簇状柱形图，将图例项设置为"总分""平均分"，将水平轴标签设置为"姓名"。对图表应用"样式1"效果，并为"总分"数据系列填充"橙色"，为"平均分"数据系列填充"深红"，为数据系列应用阴影效果。

常见疑难问题解答

问：如何在单元格中显示公式？

答：在单元格中输入公式并按【Enter】键后，单元格中只会显示计算结果，而公式只在编辑栏的输入框中显示。为方便用户检查公式的正确性，可设置显示单元格中的公式，具体操作方法为：在【公式】/【公式审核】组中单击"显示公式"按钮。

问：在对表格中的某列单元格区域进行排序时，为什么总是弹出要求合并相同大小的单元格的提示对话框？

答：这是因为要排序的单元格区域中的部分单元格进行了合并。选择要排序的单元格区域，在【开始】/【对齐方式】组中单击"合并后居中"按钮，取消单元格的合并操作，然后按照前面介绍的排序方法进行设置即可。

拓展知识

1. 数据的高级筛选

如果数据清单中的字段较多，同时筛选的条件也较多时，就可以利用Excel 2016提供的高级筛选功能来筛选出同时满足两个或两个以上约束条件的记录，具体操作方法为：首先在工作表的空白区域输入筛选条件，然后单击【数据】/【排序和筛选】组中的"高级"按钮；打开"高级筛选"对话框，在其中设置列表区域和条件区域，最后单击确定按钮，即可查看筛选结果，如图4-77所示。

图4-77　筛选出视频制作高于80分且多媒体高于85分的学生信息

知识补充　　　　高级筛选条件设置规则

在单元格区域中输入筛选条件时，要注意区分筛选条件之间的关系。如果是"或"的关系，则应该在条件区域中将约束条件上下错开输入，即输入的约束条件在不同行中；如果输入的约束条件在同一行，则表示"与"的关系。

2. 清除分类汇总

在表格中进行分类汇总之后，有时需要清除分类汇总，且不影响表格中的数据记录，具体操作方法为：打开要清除分类汇总的表格，在【数据】/【分级显示】组中单击"分类汇总"按钮，打开"分类汇总"对话框，单击其中的 全部删除(R) 按钮即可清除分类汇总。如果想在同一表格中应用多种汇总方式，则需在打开的"分类汇总"对话框中设置好汇总参数，取消勾选"替换当前分类汇总"复选框，单击 确定 按钮应用设置即可。

课后练习

练习1：制作试用期考核表

打开"试用期考核表"（素材所在位置：素材文件\项目四\课后练习\试用期考核表.xlsx）工作簿，先利用求和函数计算员工的考核总分，然后利用IF函数输入考核意见，考核标准为"考核总分大于或等于75分时录用，否则就辞退"；最后筛选出考核总分为前10名的员工，并利用折线图比较前10名员工的工作能力，套用"样式10"，适当调整图表大小和位置，完成后的最终效果如图4-78所示（效果所在位置：效果文件\项目四\课后练习\试用期考核表.xlsx）。

图4-78　试用期考核表的最终效果

练习2：制作试用员工奖金评定表

利用Excel 2016制作试用员工奖金评定表，在制作过程中涉及的知识点包括数据排序、公式的使用、IF函数的使用、数据的分类汇总等，完成后的最终效果如图4-79所示（效果所在位置：效果文件\项目四\课后练习\试用员工奖金评定表.xlsx）。

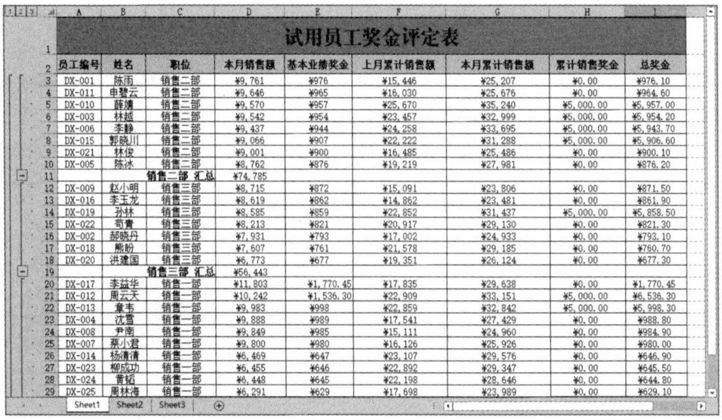

图4-79　试用员工奖金评定表的最终效果

项目五

薪酬管理

情景导入

老洪："米拉，临近月底，公司要开始统计本月员工的工资了，你之前做过工资表吗？"

米拉："工资表还真没做过，我做得较多的是办公管理方面的表格。"

老洪："我这里有一份公司目前正在使用的工资表，但由于人员变动和项目调整，需要对其进行修改。"

米拉："具体修改要求是什么呢？"

老洪："首先要汇总员工奖金，然后调整员工工资表中的字段，具体的修改要求我已经发到你的邮箱了。"

米拉："好的，那我就按要求开始修改员工工资表了。"

学习目标

---

* 掌握嵌套函数的使用方法。
* 掌握使用数据透视表汇总数据的操作。
* 熟悉SmartArt图形的使用方法。
* 掌握利用数据透视图分析数据的操作。

技能目标

---

* 能够利用嵌套函数计算表格数据。
* 能够利用数据透视图、数据透视表汇总和分析表格数据。

素质目标

树立正确的价值观，规划好自己的人生，并为实现自身的价值不断努力和拼搏。

任务一　制作员工提成奖金汇总表

为了全面提高公司的社会效益和经济效益，调动员工的工作积极性，本着多劳多得的分配原则，公司决定实行员工提成奖金管理制度，该制度规定按员工的销售业绩和工作表现进行奖励，具体奖励比例和金额将以表格的形式呈现出来。

一、任务目标

老洪告诉米拉，奖金管理制度中多以销售业绩为依据分配奖金。因此，在制作员工提成奖金汇总表时，首先要确定每一位员工的销售额，判断其是否达到了分配奖金的标准，然后按照相应的提成比例来计算奖金。因为奖金关系到每一位员工的切身利益，所以老洪提醒米拉计算时一定要认真、仔细，切不可马虎。本任务完成后的最终效果如图5-1所示。

员工提成奖金汇总表

单位名称：百达莱有限公司

姓名	所在部门	甲产品			乙产品			丙产品			总提成金额/元	工作能力评估
		销售金额/元	提成比例	提成金额/元	销售金额/元	提成比例	提成金额/元	销售金额/元	提成比例	提成金额/元		
王琴	销售一部	8400	5%	420	10800	8%	864	5000	5%	250	1534	未达标
汪明明	销售一部	12000	8%	960	8600	5%	430	10800	8%	864	2254	达标
邹洲	销售一部	5000	5%	250	4500	0%	0	5600	5%	280	530	未达标
胡锦民	销售一部	6800	5%	340	7500	5%	375	7800	5%	390	1105	未达标
明勇	销售一部	15000	8%	1200	3650	0%	0	10550	8%	844	2044	未达标
李雄	销售一部	6800	5%	340	4800	0%	0	7800	5%	390	730	未达标
汪繁	销售一部	8800	5%	440	15000	8%	1200	9500	5%	475	2115	达标
林俊	销售二部	10800	8%	864	7860	5%	393	4600	0%	0	1257	未达标
邓平安	销售二部	10860	8%	868.8	4800	0%	0	7800	5%	390	1258.8	未达标
徐文明	销售二部	25000	8%	2000	20000	8%	1600	9800	5%	490	4090	达标
陶建雄	销售二部	7080	5%	354	7800	5%	390	4200	0%	0	744	未达标
魏华	销售二部	8500	5%	425	68000	10%	6800	5600	5%	280	7505	达标
向冬	销售二部	10780	8%	862.4	5600	5%	280	10000	8%	800	1942.4	未达标
周艳	销售二部	5600	5%	280	12000	8%	960	12000	8%	960	2200	达标
李语	销售二部	4500	0%	0	5800	5%	290	23000	8%	1840	2130	达标
杨方方	销售二部	7800	5%	390	9600	5%	480	4800	0%	0	870	未达标
张千	销售二部	6500	5%	325	10680	8%	854.4	9600	5%	480	1659.4	未达标
谭曦	销售一部	12000	8%	960	8800	5%	440	8900	5%	445	1845	未达标
梁平	销售一部	19000	8%	1520	10800	8%	864	9680	5%	484	2868	达标
张明理	销售二部	15008	8%	1200.64	8960	5%	448	12055	8%	964.4	2613.04	达标

Sheet1　提成比例速查表

图5-1　员工提成奖金汇总表的最终效果

二、相关知识

在计算表格中的数据时，除了使用简单的公式外，还可以使用嵌套函数。另外，有时为了直观且清晰地表示表格中的各种逻辑关系， 可以使用Excel 2016中的SmartArt图形。下面首先介绍函数的使用方法，然后介绍SmartArt图形，主要讲解它们的特点和适用范围。

（一）嵌套函数的用法

函数的嵌套就是指将某个函数的返回值作为另一个函数的参数来使用，函数的参数可以是数值、文本和单元格引用等。例如，在IF函数中嵌套SUM函数和AVERAGE函数，如图5-2所示。

RANK.EQ　=IF(AVERAGE(D5:F5)>70,SUM(D5:F5),"不合格")

公务员成绩表

准考证号	职位代码	姓名	《行政能力测试》	《申论》	面试成绩	总成绩
661150102	661003	梁宇	70.36	66.00	80.89	217.25
661150103	661003	林文平	85.00	72.30	79.02	236.32
661150104	661003	莫波	67.86	71.50	67.50	"不合格")

图5-2　嵌套函数的使用

（二）常用函数

Excel 2016提供了多种函数，每个函数的功能、语法结构及其参数的含义各不相同，除SUM函数和AVERAGE函数外，常用的函数还有IF函数、MAX函数、MIN函数、COUNT函数、SUMIF函数等。

- **IF函数。**IF函数是常用的条件函数，它常用来判断真假值，并根据逻辑计算的真假值返回不同的结果。其语法结构为IF（logical_test,value_if_true,value_if_false），其中，"logical_test"表示计算结果为true或false的任意值或表达式；"value_if_true"表示logical_test为true时要返回的值，可以是任意数据；"value_if_false"表示logical_test为false时要返回的值，也可以是任意数据。
- **MAX函数、MIN函数。**MAX函数的功能是返回选择的单元格区域中所有数值的最大值，MIN函数则用来返回所选单元格区域中所有数值的最小值。其语法结构为MAX/MIN（number1,number2,...），其中，"number1,number2,..."表示要筛选的若干个参数。
- **COUNT函数。**COUNT函数的功能是返回包含数字及参数列表中数字的单元格的个数，通常利用它来计算单元格区域或数字数组中数字字段的输入项个数。其语法结构为COUNT（value1,value2,...），其中，"value1, value2, ..."为包含或引用各种类型数据的参数（1~30个），但只有数字类型的数据才参与计算。
- **SUMIF函数。**SUMIF函数的功能是根据指定条件对若干单元格中的数据求和。其语法结构为SUMIF（range,criteria,sum_range），其中，"range"为用于条件判断的单元格区域；"criteria"为确定哪些单元格将被作为相加求和的条件，其可以为数字、表达式或文本；"sum_range"为需要求和的实际单元格。

（三）SmartArt图形的用法

SmartArt图形是常见的用于表现群体关系（如雇员、职称、层次等）的一种图形。它可以形象地反映组织内各机构、岗位等上下左右相互之间的关系，是组织结构的直观反映，也是对该组织功能的一种侧面诠释。

SmartArt图形包括列表图、层次结构图、循环图、关系图等，不同的图形可在不同的情况下应用。下面介绍几个常用的SmartArt图形。

- **列表图：**用于显示等值的分组信息，或者任务、流程、工作流中的行进或一系列步骤。
- **层次结构图：**用于显示组织中的分层信息或上下级关系。
- **循环图：**用于显示持续循环的图形，当对象具备循环关系时可用此图形来显示。
- **棱锥图：**此图形类似于金字塔图形，可以显示从图形顶端到基础的关系。

在Excel 2016中插入SmartArt图形后，可在对应的图形中输入相关文本，并出现【SmartArt工具 设计】和【SmartArt工具 格式】选项卡，在其中可轻松完成SmartArt图形的修改、美化等各种操作。

三、任务实施

（一）使用SmartArt图形创建提成比例表

完成本任务需要先打开素材文件"员工提成奖金汇总表.xlsx"工作簿，然后利用SmartArt图形创建一个提成比例表,以方便计算提成金额,具体操作如下。

（1）打开素材文件"员工提成奖金汇总表.xlsx"（素材所在位置:素材文件\项目五\任务一\员工提成奖金汇总表.xlsx）,选择"提成比例表"工作表,在【插入】选项卡中单击"插图"按钮,在弹出的下拉列表中单击"SmartArt"按钮🏠,如图5-3所示。

微课视频

使用SmartArt图形创
建提成比例表

（2）打开"选择SmartArt图形"对话框,在左侧列表框中单击"列表"选项卡,在中间列表框中选择"分组列表"选项,单击 确定 按钮,如图5-4所示。

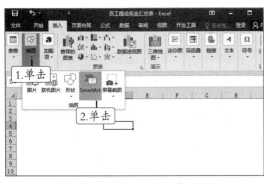

图5-3 单击"SmartArt"按钮

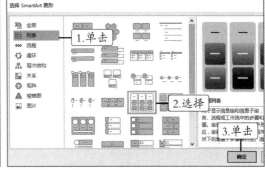

图5-4 选择SmartArt图形

（3）此时,表格中插入组织结构图。单击左侧的 ◀ 按钮,展开"在此处键入文字"文本窗格,将鼠标指针定位至该窗格中,输入图5-5所示的文本内容。

（4）将鼠标指针定位至文本窗格中的最后一栏,按【Enter】键添加一栏,并在其中输入文本"第四阶段",如图5-6所示。按照相同的操作方法,在"第四阶段"后面添加两栏,并在其中输入相应的文本"销售额:30000-80000""提成比例:10%"。

图5-5 输入文本内容

图5-6 添加栏并输入文本内容

（5）将插入点定位至"第四阶段"栏中,单击【SmartArt工具 设计】/【创建图形】组中的"升级"按钮 ←,如图5-7所示,调整其显示级别。单击文本窗格中的"关闭"按钮 ✕,关闭文本窗格。

（6）将鼠标指针定位至SmartArt图形右侧边框的中间控制点上,按住鼠标左键向右拖曳鼠标,适当增加图形宽度,如图5-8所示。

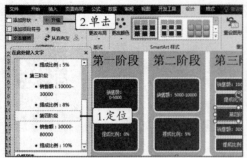

图5-7 调整显示级别

图5-8 拖曳鼠标调整图形宽度

（7）保持图形的选择状态，在【SmartArt工具 设计】/【SmartArt样式】组中单击"更改颜色"按钮，在弹出的下拉列表中选择"彩色范围-个性色3至4"选项，如图5-9所示。

（8）在【SmartArt工具 设计】/【SmartArt样式】组中的样式列表中选择"优雅"选项，如图5-10所示。

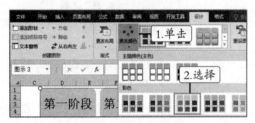

图5-9 更改图形颜色

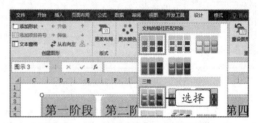

图5-10 应用SmartArt图形样式

（二）使用记录单录入数据

由于销售部出现了人员变动，现需要更正数据记录，主要包括新记录的录入和原有记录的修改，具体操作如下。

（1）选择"Sheet1"工作表中任意一个包含数据的单元格，这里选择F3单元格，在【插入】/【记录单】组中单击"记录单"按钮，如图5-11所示。

（2）打开"Sheet1"对话框，单击 条件(C) 按钮，在"姓名"文本框中输入文本"林俊"，按【Enter】键，显示图5-12所示的记录。将"销售金额"修改为"10800"，单击 新建(W) 按钮。

微课视频

使用记录单录入
数据

图5-11 选择单元格并单击"记录单"按钮

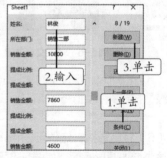

图5-12 修改数据

（3）分别在"姓名""所在部门""销售金额"文本框中输入图5-13所示的数据，单击 关闭(L) 按钮。

（4）返回"Sheet1"工作表，新增记录自动显示在表格的最后一行，如图5-14所示。

图5-13　增加新记录

图5-14　查看新添加的记录

（三）美化表格内容

下面美化表格内容，首先在"Sheet1"工作表中增加表头和公司名称，然后对表格中的数据进行合并和美化设置，具体操作如下。

（1）选择第一行单元格，在【开始】选项卡中单击"单元格"按钮，在其下拉列表中单击"插入"按钮下方的下拉按钮，在弹出的下拉列表中选择"插入工作表行"选项，如图5-15所示。

（2）此时，工作表顶端插入一个空白行。按照相同的操作方法，在第一行上方插入一个空白行，并输入文本"员工提成奖金汇总表"。

（3）选择A1:M1单元格区域，在【开始】/【对齐方式】组中单击"合并后居中"按钮，如图5-16所示。

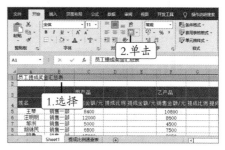

图5-15　插入工作表行

图5-16　合并并居中单元格（1）

（4）在A2单元格中输入文本"单位名称：百达莱有限公司"，在【开始】/【字体】组中将字体格式设置为"方正大标宋简体，12"，如图5-17所示。按照相同的操作方法，将A1单元格中的字体格式设置为"方正粗宋简体，18"。

（5）选择A3:A4单元格区域，单击【开始】/【对齐方式】组中的"合并后居中"按钮，如图5-18所示。按照相同的操作方法，合并并居中表格表头行中的其他单元格。

（6）选择A2:M2单元格区域，单击【开始】/【对齐方式】组中的"合并后居中"按钮右侧的下拉按钮，在弹出的下拉列表中选择"合并单元格"选项，如图5-19所示。

（7）选择A1:M24单元格区域，单击【开始】/【对齐方式】组中的"对齐设置"按钮，如图5-20所示。

图5-17　设置字体格式

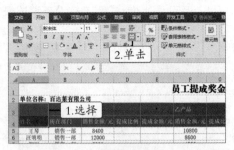

图5-18　合并并居中单元格（2）

图5-19　合并单元格

图5-20　单击"对齐设置"按钮

（8）打开"设置单元格格式"对话框，单击"边框"选项卡，在"颜色"下拉列表中选择"其他颜色"选项，如图5-21所示。

（9）打开"颜色"对话框，在"标准"选项卡中选择第三行中从左至右的第三种颜色，如图5-22所示，单击 确定 按钮。

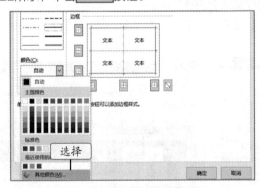

图5-21　选择"其他颜色"选项

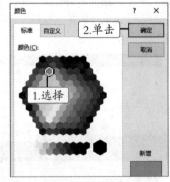

图5-22　选择边框颜色

（10）返回"设置单元格格式"对话框中的"边框"选项卡，在"样式"列表中选择第一列的最后一个样式，单击"预置"栏中的"内部"按钮⊞。

（11）在"样式"列表中选择第二列中倒数第三种样式，单击"预置"栏中的"外边框"按钮⊡，如图5-23所示，单击 确定 按钮。

（12）返回"Sheet1"工作表，查看添加表格边框后的效果，如图5-24所示。

（13）选择合并后的A1单元格，在【开始】/【字体】组中将单元格填充颜色设置为"颜色"对话

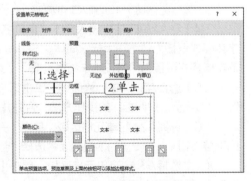

图5-23　设置表格边框效果

框"标准"选项卡中第三行的第一个颜色,将字体颜色设置为"白色,背景1"。

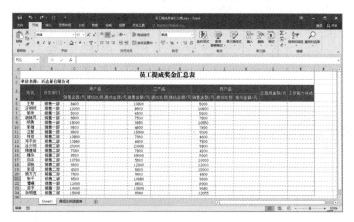

图5-24　查看表格边框的设置效果

(四)按照提成金额评估工作能力

微课视频

按照提成金额评估
工作能力

美化表格后,下面按照提成金额和相应的提成比例,通过IF函数来评估员工的工作能力,具体操作如下。

(1)在"Sheet1"工作表中选择D5单元格,根据"提成比例表"工作表中不同阶段的提成比例,结合IF函数,在编辑栏中输入公式"=IF(C5<5000,0%,IF(C5<10000,5%,IF(C5<30000,8%,10%)))",如图5-25所示,按【Enter】键。

图5-25　输入公式

(2)将D5单元格中的计算公式复制到D6:D23单元格区域,如图5-26所示。

图5-26　复制公式

（3）按照相同的操作方法，分别计算乙产品和丙产品的提成比例，其中乙产品的提成比例计算公式为"=IF(F5<5000,0%,IF(F5<10000,5%,IF(F5<30000,8%,10%)))"，丙产品的提成比例计算公式为"=IF(I5<5000,0%,IF(I5<10000,5%,IF(I5<30000,8%,10%)))"。

（4）选择E5单元格，并输入公式"=C5*D5"，如图5-27所示，按【Enter】键。

（5）将E5单元格中的计算公式复制到E6:E23单元格区域，如图5-28所示。

图5-27 输入公式	图5-28 复制公式

（6）按照相同的操作方法，分别计算乙产品和丙产品的提成金额，其中，乙产品的提成金额计算公式为"=F5*G5"，丙产品的提成金额计算公式为"=I5*J5"。

（7）选择M5单元格，按【Shift+F3】组合键打开"插入函数"对话框。在其中选择IF函数，在打开的"函数参数"对话框中设置参数，如图5-29所示，表示3种产品的总提成金额大于2100的为达标，否则为不达标。

（8）单击 **确定** 按钮，查看计算结果，将M5单元格中的计算结果复制到M6:M23单元格区域，如图5-30所示。

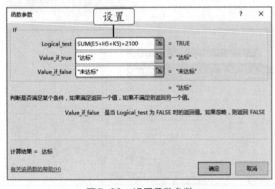

图5-29 设置函数参数	图5-30 复制公式

（9）选择L5单元格，并输入公式"=E5+H5+K5"，如图5-31所示。

（10）按【Enter】键查看计算结果，将L5单元格中的计算公式复制到L6:L23单元格区域，如图5-32所示，按【Ctrl+S】组合键保存工作簿（效果所在位置：效果文件\项目五\任务一\员工提成奖金汇总表.xlsx）。

图5-31 计算总提成金额

图5-32　复制公式

任务二　汇总员工工资表

员工工资表可以将员工所得薪酬的所有数据汇总显示，包括工资总额，以及工资各构成部分的数额。另外，在员工工资表中可以通过数据透视图和数据透视表来快速处理表格数据，使表格的数据更加直观、清晰，从而提高公司监控员工工资的效率。

一、任务目标

提成金额、社保扣除、加班工资等基础数据已经汇总整理完毕，老洪安排米拉将所有工资数据汇总成电子表格，以便分析和管理。完成该任务需要在不同工作簿中进行单元格引用，同时需要掌握数据透视表和数据透视图的创建与编辑知识。本任务完成后的最终效果如图5-33所示。

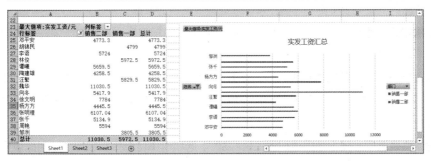

图5-33　员工工资表的最终效果

二、相关知识

本任务的重点是通过数据透视表和数据透视图来汇总、分析数据，因此在制作表格之前介绍数据透视表和数据透视图的含义。

（一）数据透视表

数据透视表是一种交互式报表，使用它可以对大量数据进行合并和比较，并创建交叉列表，从而清晰地反映数据。数据透视表不仅便于查看工作表中的数据，还便于分析和处理数据。

在工作表中创建数据透视表的方法为：在【插入】/【表格】组中单击"数据透视表"按钮，打开"创建数据透视表"对话框，选择创建数据透视表的单元格区域，单击 确定 按钮，即可创建数据透视表，并在工作界面右侧出现相应的透视表任务窗格。

（二）数据透视图

数据透视图是以图表的形式表示数据透视表中的数据，可以像数据透视表一样选择需要的数据进行显示。数据透视图的创建方法为：在【插入】/【图表】组中单击"数据透视图"按钮，打开"创建数据透视图"对话框，选择用于创建数据透视图的单元格区域，单击 确定 按钮。

成功创建数据透视图后，可以将自动显示的"数据透视表字段"任务窗格中的字段添加到相应列表框中，此时会在数据透视表和数据透视图中显示相应数据，如图5-34所示。下面简单介绍数据透视图的常用操作。

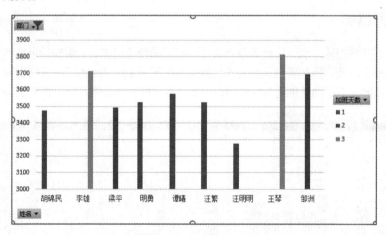

图5-34　数据透视图

- **筛选数据：** 数据透视图中会显示与添加字段名称相同的"筛选"按钮，单击该按钮，可在弹出的下拉列表中筛选需要显示在数据透视图中的数据。
- **调整字段位置：** 在"数据透视图字段"任务窗格中拖曳字段名称到不同的列表框中，可更改字段的显示位置。
- **设置字段：** 在"数据透视表字段"任务窗格的列表框中单击字段，在弹出的下拉列表中选择"字段设置"选项，打开"字段设置"对话框，在其中可以修改字段名称和选择数据汇总方式。
- **设置图表选项：** 在【数据透视图工具 设计】选项卡中可选择相应选项，对图表标题、网格线、坐标轴、数据标签、图例等进行详细设置。

三、任务实施

（一）输入提成工资数据

员工提成奖金汇总表中已经计算出了每位员工的提成金额，因此，只需将该表格中的数据引用到员工工资表中即可完成提成工资数据的录入，具体操作如下。

微课视频

输入提成工资数据

（1）同时打开"员工工资表.xlsx"工作簿（素材所在位置：素材文件\项目五\任务二\员工工资表.xlsx）和"员工提成奖金汇总表.xlsx"工作簿（素材文件所在位置：素材文件\项目五\任务二\员工提成奖金汇总表.xlsx）。

（2）在"员工提成奖金汇总表.xlsx"工作簿的"Sheet1"工作表中选择L5:L23单元格区域，在【开始】/【剪贴板】组中单击"复制"按钮，如图5-35所示。

> **知识补充**　　　　　　　　**直接引用单元格中的数据**
>
> 打开需要引用数据的工作簿，在需要的单元格中输入"="；切换到相应工作表，选择需要引用的单元格，按【Enter】键或【Ctrl+Enter】组合键即可引用单元格中的数据。

（3）切换至"员工工资表.xlsx"工作簿，在"Sheet1"工作表中选择E3单元格，单击【开始】/【剪贴板】组中"粘贴"按钮下方的下拉按钮，在弹出的下拉列表中选择"粘贴数值"栏中的"值"选项，如图5-36所示。

图5-35　选择单元格并单击"复制"按钮　　　　图5-36　选择性粘贴数据

（4）此时，E3:E21单元格区域引用"员工提成奖金汇总表.xlsx"工作簿中的数据，如图5-37所示。

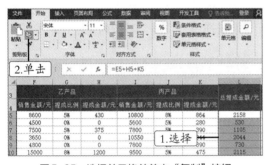

				员工工资表					
姓名	部门	基本工资/元	加班工资/元	提成金额/元	社保扣除/元	考勤扣除/元	实发工资/元	加班天数/天	加班系数
林俊	销售一部	4000	337.5	2158	523	0	5972.5	3	112.5
邹洲	销售一部	4000	98.5	530	523	300	3805.5	1	98.5
胡锦民	销售一部	4000	217	1105	523	0	4799	2	108.5
明勇	销售一部	4000	98.5	2044	523	100	5519.5	1	98.5
李维	销售一部	4000	98.5	730	523	50	4255.5	1	98.5
汪繁	销售一部	4000	337.5	2115	523	100	5829.5	3	112.5
林俊	销售一部	4000	98.5	1257	523	50	4782.5	1	98.5
邓平安	销售二部	4000	337.5	1259.8	523	300	4773.3	3	112.5
徐文明	销售二部	4000	217	4090	523	0	7784	2	108.5

图5-37　查看数据引用效果

（二）使用数据透视表汇总数据

下面使用数据透视表汇总表格中的数据，并美化表格，具体操作如下。

（1）在"员工工资表.xlsx"工作簿的"Sheet1"工作表中选择A23单元格，将其作为存放数据透视表的起始单元格。在【插入】/【表格】组中单击"数据透视表"按钮，打开"创建数据透视表"对话框，单击"表/区域"文本框右侧的"收缩"按钮，如图5-38所示。

（2）选择工作表中的A2:A21单元格区域，单击"展开"按钮，如图5-39所示，返回"创建数据透视表"对话框，单击 确定 按钮。

微课视频

使用数据透视表
汇总数据

图5-38 打开"创建数据透视表"对话框

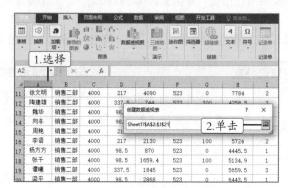

图5-39 选择数据所在的单元格区域

（3）此时，已创建数据透视表，同时打开"数据透视表字段"任务窗格。在该窗格中，将"选择要添加到报表的字段"列表框中的"姓名"字段拖曳到"行"下拉列表中，将"部门"字段拖曳到"列"下拉列表中，将"实发工资/元"字段拖曳到"值"下拉列表中，如图5-40所示。

（4）在"值"下拉列表中的"求和项：实发工资/元"字段上单击，在弹出的下拉列表中选择"值字段设置"选项，如图5-41所示。

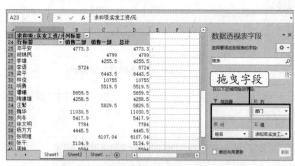

图5-40 将字段拖曳到相应的下拉列表中

图5-41 选择"值字段设置"选项

（5）打开"值字段设置"对话框，在"值字段汇总方式"列表框中选择"最大值"选项，单击 确定 按钮，如图5-42所示。

（6）此时，数据透视表中的汇总字段自动变为"最大值项：实发工资/元"，如图5-43所示。

（7）在数据透视表中单击"行标签"右侧的下拉按钮，在弹出的下拉列表中取消勾选"李雄""梁平""明勇"复选框，单击 确定 按钮，如图5-44所示。

（8）此时，数据透视表只显示勾选的复选框对应的数据，并显示最大值，如图5-45所示。

图5-42　更改值字段汇总方式

图5-43　更改后的效果

图5-44　取消勾选无须汇总的员工姓名复选框

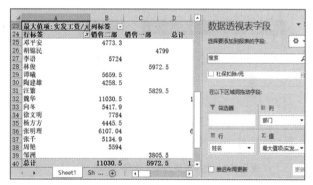

图5-45　数据透视表效果

操作提示　　　　　　　**设置字段的数字格式**

在数据透视表中选择汇总字段后，在【数据透视表工具 分析】/【活动字段】组中单击"字段设置"按钮，也可以打开"值字段设置"对话框；单击其中的 数字格式(N) 按钮，可在打开的"设置单元格格式"对话框中设置汇总项的数字格式。

（三）利用数据透视图分析数据

成功创建数据透视表后，下面在数据透视表的基础之上创建数据透视图，具体操作如下。

（1）选择数据透视表中的任意一个单元格，在【数据透视表工具 分析】/【工具】组中单击"数据透视图"按钮 。

（2）打开"插入图表"对话框，在"柱形图"选项卡中选择"簇状柱形图"选项，单击 确定 按钮，如图5-46所示。

（3）此时，表格中自动创建数据透视图，如图5-47所示。

（4）在图表区中单击鼠标右键，在弹出的快捷菜单中选择"更改图表类型"命令，如图5-48所示。

（5）打开"更改图表类型"对话框，在"所有图表"列表框中单击"条形图"选项卡，在右侧的列表框中选择"簇状条形图"选项，如图5-49所示，单击 确定 按钮。

微课视频

利用数据透视图
分析数据

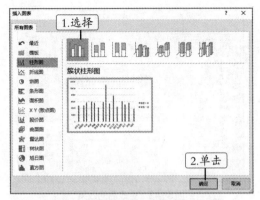

图5-46　根据数据透视表创建数据透视图

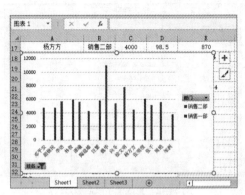

图5-47　数据透视图

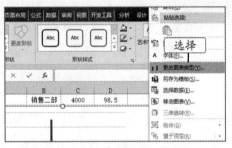

图5-48　选择"更改图表类型"命令

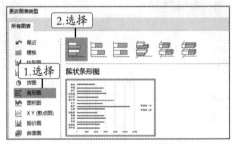

图5-49　选择"簇状条形图"选项

（6）此时，图表类型自动更改为选择的簇状条形图，如图5-50所示。

（7）在【数据透视图工具 设计】/【图表布局】组中单击"添加图表元素"按钮，在弹出的下拉列表中选择【图表标题】/【图表上方】选项，如图5-51所示。

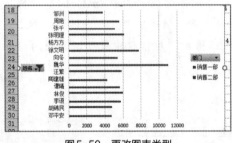

图5-50　更改图表类型

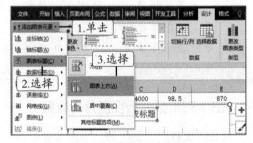

图5-51　为图表添加标题

（8）此时，图表中出现一个标题文本框，将其中的文本更改为"实发工资汇总"，如图5-52所示。

（9）选择图表标题，在【开始】/【字体】组中将其字体格式设置为"方正准雅宋简体"，如图5-53所示。

（10）适当调整数据透视图的大小，将其移至数据透视表的右侧，效果如图5-54所示。按【Ctrl+S】组合键保存工作簿（效果所在位置：效果文件\项目五\任务二\员工工资表.xlsx）。

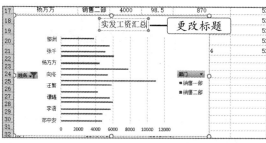

图5-52 更改图表标题

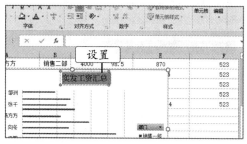

图5-53 设置标题格式

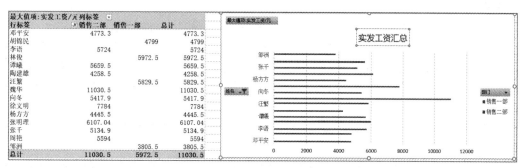

图5-54 调整数据透视图的大小和位置

操作提示　　　　　快速编辑数据透视图

在工作表中插入数据透视图后，选择插入的数据透视图，此时，图表右上角显示"图表元素"按钮＋和"图表样式"按钮。单击"图表元素"按钮＋，在弹出的列表中可以选择要添加或删除的图表元素，如数据标签、图表标题、图例等；单击"图表样式"按钮，在弹出的列表中可以快速设置图表样式和颜色。

实训一　制作员工工序记录明细表

【实训要求】

完成本实训需要熟练掌握数据透视表的插入与编辑方法。本实训完成后的最终效果如图5-55所示（效果所在位置：效果文件\项目五\实训一\员工工序记录明细表.xlsx）。

【实训思路】

完成本实训需要先利用公式计算出各员工工序的合计金额，然后插入数据透视表，最后筛选字段，并美化数据透视表，其操作思路如图5-56所示。

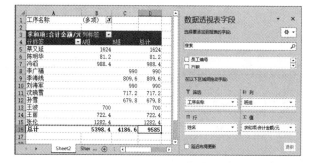

图5-55 员工工序记录明细表的最终效果

① 使用公式计算数据　　　② 插入数据透视表并添加数据透视表字段　　　③ 筛选字段并美化数据透视表

图5-56　制作员工工序记录明细表的思路

【步骤提示】

（1）打开"员工工序记录明细表"工作簿，新建"Sheet2"工作表，选择A1单元格。

（2）打开"创建数据透视表"对话框，将要分析的数据区域设置为"Sheet2"工作表中的A2:H19单元格区域。在打开的"数据透视表字段"任务窗格中设置要添加到报表的字段，将"工序名称""班组""姓名""合计金额"4个字段分别拖入"筛选器""列""行""值"4个下拉列表中。

（3）单击"工序名称"字段右侧的下拉按钮 ▼ ，在弹出的下拉列表中仅勾选"切割"和"抛光"两个复选框。

（4）在【数据透视表工具 设计】/【数据透视表样式】组中，为插入的数据透视表应用预设样式，这里选择"数据透视表样式中等深浅6"样式。

实训二　制作员工培训效果评估表

【实训要求】

完成本实训需要先利用IF函数对员工进行综合评价，然后利用数据透视图比较和分析员工的培训成绩，最后筛选数据并更改图表类型。本实训完成后的最终效果如图5-57所示（效果所在位置：效果文件\项目五\实训二\员工培训效果评估表.xlsx）。

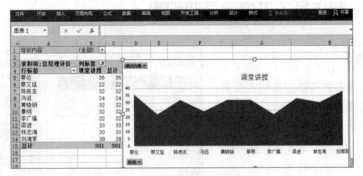

图5-57　员工培训效果评估表的最终效果

【实训思路】

完成本实训需要先使用IF函数对员工进行综合评价，评价标准为自我评价+部门评价+总经理评价之和大于80，显示为"满意"，否则显示为"不满意"，然后插入数据透视图，最后筛选数据并更改图表类型为面积图，其操作思路如图5-58所示。

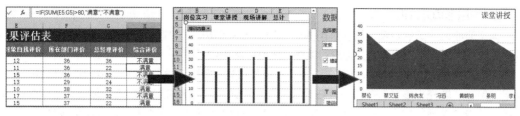

① 计算综合评价成绩　　　　② 插入数据透视图　　　　③ 筛选数据并更改图表类型

图5-58　制作员工培训效果评估表的思路

【步骤提示】

（1）打开"员工培训效果评估表"工作簿，在H3单元格中输入"=IF(SUM(E4:G4)>80,"满意","不满意")"，确认计算公式无误后，按【Enter】键显示计算结果，并复制H3单元格中的公式至H4:H20单元格区域。

（2）选择"Sheet1"工作表中任意一个包含数据的单元格，在【插入】/【图表】组中单击"数据透视图"按钮▇，在打开的"创建数据透视图"对话框中单击▇▇按钮。

（3）在数据透视表字段中添加"姓名""培训内容""培训方式""总经理评价"4个字段后，插入的数据透视图中会显示相应的图表效果。

（4）选择插入的数据透视图，在【数据透视图工具 设计】/【类型】组中单击"更改图表类型"按钮▇，在打开的"更改图表类型"对话框中选择"面积图"选项。

常见疑难问题解答

问："数据透视表字段"任务窗格显示不出来怎么办？

答：如果是因为没有选择数据透视表，则只需选择数据透视表中的任意一个单元格，即可将"数据透视表字段"任务窗格显示出来；如果是因为手动关闭了"数据透视表字段"窗格，则在【数据透视表工具 分析】/【显示】组中单击"字段列表"按钮▇，即可重新显示隐藏的"数据透视表字段"任务窗格。

问：插入数据透视表后，应该如何将其删除？

答：删除数据透视表需要将数据透视表中的数据和区域格式一并清除，具体操作方法为：选择需要删除的整个数据透视表，在【数据透视表工具 分析】/【操作】组中单击"清除"按钮▇下方的下拉按钮▼，在弹出的下拉列表中选择"全部清除"选项。此外，在选择整个数据透视表后，按【Delete】键可删除数据透视表中的数据，但会保留单元格区域的边框和格式。

拓展知识

1. 更改SmartArt图形的布局

在表格中创建好SmartArt图形后，如果感觉该图形的布局不是很恰当，则可以根据实际需要修改图形布局，具体操作方法为：打开要设置的工作簿，选择工作表中创建好的SmartArt图形，在【SmartArt工具 设计】/【版式】组中单击"其他"按钮▼，在弹出的列表中选择合适的版式；如果对列表中的版式不满意，则可以在列表中选择"其他布局"选项，在打开的"选择 SmartArt 图形"对话框中选择合适的版式。

2. 为图形填充纹理

为了使插入的图形对象（包含常用图形、SmartArt图形、数据透视图等）更加美观，除了可以使用纯色、渐变色、图案填充图形对象外，还可以利用纹理填充。

利用纹理填充图形的具体操作方法为：选择要设置的图形对象，打开"设置形状格式"任务窗格，单击"填充与线条"按钮，在"填充"栏中选中"图片或纹理填充"单选项，如图5-59所示；单击"纹理"按钮，在弹出的下拉列表中提供了多种纹理样式，选择所需纹理样式后，即可将所选纹理应用到选择的图形对象中；另外，在"透明度"数值框中输入相应的数值或拖动滑块，可以设置纹理的透明效果。

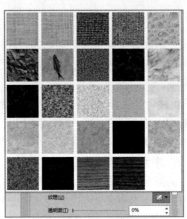

图5-59　设置填充纹理

3. 将总表拆分为多张表

在表格中成功创建数据透视表后，有时为了方便查看和管理表格内容，需要将总表按一定的条件拆分为多张工作表来展示。将数据透视表拆分为多张表的方法为：选择创建的数据透视表，在【数据透视表工具 分析】/【数据透视表】组中单击"选项"按钮右侧的下拉按钮，在弹出的下拉列表中选择"显示报表筛选页"选项，打开"显示报表筛选页"对话框，其中显示了报表筛选页中的字段选项，单击 确定 按钮。返回工作簿，在工作簿中可查看到每一个应聘岗位的数据都单独放入了一张工作表中，如图5-60所示。

图5-60　将总表拆分为多张表的效果

课后练习

练习1：制作员工薪资等级一览表

启用Excel 2016，新建工作簿，在空白工作表中隐藏网格线。在【插入】/【插图】组中单击

"SmartArt" 按钮 🔲 ，打开 "选择SmartArt图形" 对话框，单击 "层次结构" 选项卡，在右侧的列表框中选择 "水平组织结构图" 选项。删除其中第2层级的图形，在第3层级添加下属图形。美化SmartArt图形，并将该图形的布局更改为 "两者" ，如图5-61所示（效果所在位置：效果文件\项目五\课后练习\员工薪资等级一览表.xlsx）。

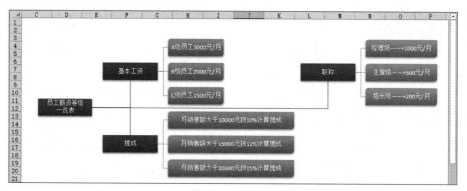

图5-61　员工薪资等级一览表的最终效果

练习2：制作奖金福利汇总表

利用Excel 2016制作奖金福利汇总表，在制作过程中涉及的知识点包括公式的使用、数据透视表的创建、数据透视图的编辑等，最终效果如图5-62所示（效果所在位置：效果文件\项目五\课后练习\奖金福利汇总表.xlsx）。

图5-62　奖金福利汇总表的最终效果

项目六
采购管理

情景导入

老洪：“米拉，采购部同事提供的供应商资料你收到了吗？”

米拉：“收到了，我正准备将所有供应商的相关资料整理成表格，并通过产品品质、供货周期、产品单价等参数，将供应商按不同的等级划分，以便采购部的同事选择优质的供应商。”

老洪：“想法不错。最好能进一步将表格中关于供应商等级的数据使用不同的颜色区分，这样，采购部同事查阅起来更加直观。”

米拉：“我怎么没有想到呢？还是老洪你厉害。我这里还制作了采购统计表和采购流程图，麻烦你帮我看看表格的内容和应用效果是否恰当。”

老洪：“没问题，你把它们发到我的邮箱吧。”

学习目标

- 熟悉常用流程图的含义和用法。
- 熟悉样式、条件格式的含义和设置方法。
- 熟悉合并计算的类型和使用方法。

技能目标

- 能够利用条件格式突出显示表格数据。
- 能够合并计算表格中的数据并添加超链接。

素质目标

牢固树立质量意识，提高辨别是非的能力，不偏听偏信，有自己的主见，不随波逐流。

任务一　制作采购流程图

为规范企业采购流程，提高采购工作的效率，采购部门专门制订了采购流程图。通过该流程图，采购人员将各司其职，同时审核人员也能层层把关，以此确保采购工作顺利开展。

采购人员应本着实事求是的原则，做到上情下达、下情上报，在交易中坚持良好的商业准则，避免违规行为发生。

一、任务目标

老洪告诉米拉，采购工作有一整套的采购流程，从采购开始一直到采购结束都有许多事情需要完成，如采购询价、供应商选择、到货、采购入库等。因此，为了确保采购工作顺利开展，老洪特意让米拉制作一份采购流程图。完成该任务需要利用Excel 2016提供的流程图图形来制作。本任务完成后的最终效果如图6-1所示。

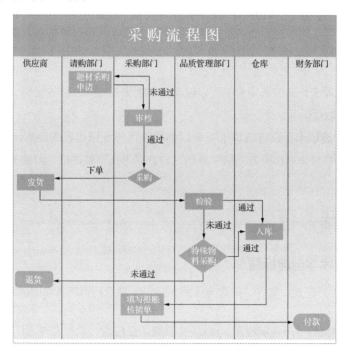

图6-1　采购流程图的最终效果

二、相关知识

制作流程图的操作比较简单，只需绘制流程图图形并设置其格式。下面介绍常用流程图图形的含义，以及页面设置的相关参数。

（一）常用流程图图形的含义

流程图是对某一问题的定义、分析或执行过程的图示。Excel 2016提供了20多种流程图图形，下面通过表6-1说明常用流程图图形的含义。

表 6-1　常用流程图图形的含义

流程图图形	含义
⬭	"终止"标志，表示一个过程的起始和结束
▢	"过程"标志，表示过程中的一个单独步骤
▱	"数据"标志，表示一个算法输入或输出步骤
◇	"决策"标志，表示对一个条件进行判断，可以有多种结果，一般情况下只有两个
⬓	"磁盘"标志，表示储存信息的步骤

（二）常用的页面设置参数

设置表格页面可以使表格的布局更加合理，尤其是在打印时，合理的页面设置会大大节省打印纸张。页面设置主要内容包括页面整体设置和页边距设置，设置方法为：制作好工作表后，在【页面布局】/【页面设置】组中对页面和页边距进行相应的设置；也可单击右下角的"页面设置"按钮，打开"页面设置"对话框，在其中进行相应的页面设置。"页面"选项卡和"页边距"选项卡介绍如下。

- **"页面"选项卡：**在该选项卡中可以设置打印纸张的方向、缩放比例、纸张大小、打印质量，以及起始页码等。
- **"页边距"选项卡：**在该选项卡中可以调整表格与纸张边界的距离；勾选"水平"复选框，可使表格整体沿水平方向居中显示；勾选"垂直"复选框，可使表格整体沿垂直方向居中显示。

三、任务实施

（一）利用艺术字创建标题

完成本任务应先打开素材文件"采购流程图.xlsx"，然后利用艺术字创建表格标题，具体操作如下。

（1）打开素材文件"采购流程图.xlsx"（素材所在位置：素材文件\项目六\任务一\采购流程图.xlsx），选择"Sheet1"工作表，在"插入"选项卡中单击"文本"按钮，在其下拉列表中单击"艺术字"按钮A，在弹出的下拉列表中选择"填充-白色，轮廓-着色1，发光-着色1"选项，如图6-2所示。

微课视频

利用艺术字创建标题

（2）此时，在界面中出现艺术字文本框，且文本框内的文本呈可编辑状态，在其中输入文本"采购流程图"，如图6-3所示。

（3）选择艺术字文本框的边框，并适当移动其位置。选择艺术字，在【开始】/【字体】组中将字体格式设置为"汉仪中黑简，54，加粗"，单击空白处退出文本选择状态，如图6-4所示。

图6-2 选择艺术字样式

图6-3 输入文本

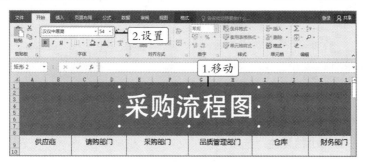

图6-4 调整艺术字位置和字体格式

（二）绘制并编辑流程图

下面利用Excel 2016提供的"流程图"图形制作采购流程图的整体框架，具体操作如下。

（1）在【插入】选项卡中单击"插图"按钮，在弹出的下拉列表中单击"形状"按钮，在弹出的下拉列表中选择"流程图：预定义过程"选项，如图6-5所示。

（2）将鼠标指针定位至文本"请购部门"的下方，单击插入一个固定大小的流程图图形，如图6-6所示。

微课视频

绘制并编辑流程图

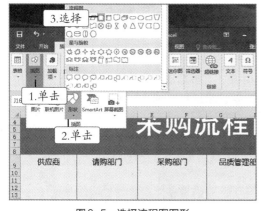

图6-5 选择流程图图形

图6-6 插入固定大小的流程图图形

（3）在【绘图工具 格式】/【大小】组中，将插入图形的高度设置为"1.35厘米"，宽度设置为"3厘米"。在【绘图工具 格式】/【形状样式】组中设置图形的形状轮廓为"蓝色，个性化1，淡色80%"，如图6-7所示。

（4）在插入的流程图图形上单击鼠标右键，在弹出的快捷菜单中选择【编辑文字】命令，如图6-8所示。

（5）此时，插入的流程图图形中自动显示文本插入点，在其中输入所需文本，按【Enter】键确认输入。

图6-7　设置图形大小和轮廓

图6-8　在图形中添加文本

（6）单击【绘图工具 格式】/【大小】组中的"大小和属性"按钮，打开"设置形状格式"任务窗格。在"大小和属性"选项卡的"文本框"栏中单击 顶端对齐 按钮，在弹出的下拉列表中选择"中部居中"选项，如图6-9所示。

（7）选择编辑好的流程图图形，按【Ctrl+C】组合键复制，按【Ctrl+V】组合键粘贴，复制9个所选的流程图图形，效果如图6-10所示。

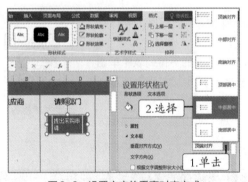

图6-9　设置文字的垂直对齐方式

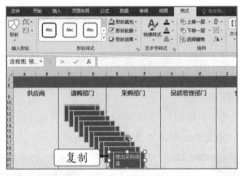

图6-10　复制流程图图形

（8）单击复制后的流程图图形，按住鼠标左键并拖曳鼠标，选择要修改的文本，重新输入文本"付款"，在【绘图工具 格式】/【插入形状】组中单击"编辑形状"按钮，在弹出的下拉列表中选择"更改形状"选项，在弹出的子列表中选择"流程图:终止"选项，如图6-11所示。

（9）按住鼠标左键并拖曳修改后的图形，将其移至"财务部门"所在列的最底部，如图6-12所示。

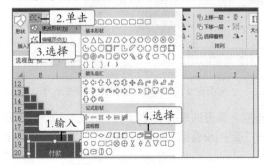

图6-11　更改流程图图形

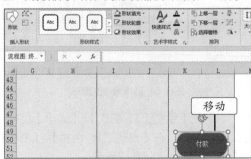

图6-12　移动流程图图形的位置

（10）按照相同的操作方法，修改其他流程图图形中显示的文字，并更改流程图图形，最后拖曳流程图的边框调整各个流程图图形的位置，如图6-13所示。

图6-13　设置后调整流程图图形的位置

知识补充　　　　　　　　　　　**调整对象对齐方式**

　　当向工作表中插入多个对象时，如果仅凭感觉手动调整对象对齐方式，则不但效率低，而且效果也不好。此时，可借助Excel 2016的排列功能快速调整，具体操作方法为：选择多个插入的对象，在【绘图工具 格式】/【排列】组中单击"对齐"按钮，在弹出的下拉列表中选择不同的选项，如"左对齐""水平居中""右对齐""顶端对齐"等，可快速对齐多个对象。

（三）使用箭头和直线连接图形

　　绘制的流程图图形都是单独存在的，还需要使用各种线条或连接符将其串连起来，梳理顺序，形成完整的流程。下面使用箭头、直线连接插入的流程图图形，具体操作如下。

微课视频

使用箭头和直线
连接图形

　　（1）在【插入】选项卡中单击"插图"按钮，在弹出的下拉列表中单击"形状"按钮，在弹出的下拉列表中选择"线条"栏中的"直线"选项，如图6-14所示。

　　（2）此时，鼠标指针变为+形状，同时第1个流程图四周出现4个控制点。将鼠标指针移至第1个流程图图形右边框的中间位置，按住鼠标左键并向右拖曳鼠标至适当的位置，释放鼠标左键，绘制直线，如图6-15所示。

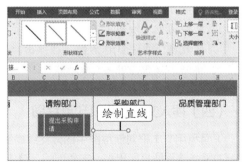

图6-14　选择直线　　　　　　　　　　　图6-15　绘制直线

　　（3）手动绘制的直线有一点倾斜，在【绘图工具 格式】/【大小】组中将"高度"数值调整为"0厘米"，此时，直线不再倾斜，如图6-16所示。

　　（4）在"形状"下拉列表中选择"箭头"选项，此时鼠标指针变为+形状，同时绘制的直线上出现两个控制点。将鼠标指针移至直线右侧的控制点上，按住鼠标左键并向下拖曳鼠标至下一个流程图图形边框的中间位置，释放鼠标左键，绘制箭头，如图6-17所示。

图6-16　调整直线高度

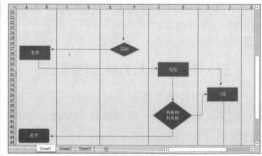

图6-17　绘制箭头

（5）手动绘制的箭头有一点倾斜，在【绘图工具 格式】/【大小】组中将"宽度"数值调整为"0厘米"，此时箭头不再倾斜，如图6-18所示。

（6）根据前面介绍的绘制方法，在工作表中继续绘制所需的直线和箭头，然后调整图形的位置，如图6-19所示。

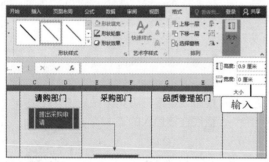

图6-18　调整箭头宽度

图6-19　绘制其他直线和箭头并调整图形的位置

知识补充　　　　　　　　设置为默认线条

为了方便操作、提高工作效率，当表格中需要绘制多条相同样式的线条时，可以在设置好线条样式后将其设置为默认线条，这样，下次绘制线条时，无需重新设置线条样式。在Excel 2016中设置默认线条的方法为：首先在工作表中绘制线条，然后通过【绘图工具 格式】选项卡设置好该线条的大小、形状样式，最后在设置好的线条上单击鼠标右键，在弹出的快捷菜单中选择【设置为默认线条】命令，即可将所绘线条设置为默认线条。

（四）插入文本框后打印流程图

下面利用文本框对流程图中的分支结构进行补充说明，并使用A4纸将制作好的采购流程图打印出来，方便传阅，具体操作如下。

（1）在【插入】/【文本】组中单击"文本框"按钮，此时鼠标指针变为↓形状，在"审核"流程图图形右上方单击，插入文本框，并在文本插入点输入文本"未通过"，如图6-20所示。

（2）按【Esc】键确认输入。按照相同的操作方法，添加5个文本框并输入相应的文本，如图6-21所示。

微课视频

插入文本框后打印流程图

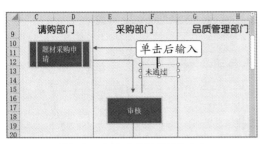

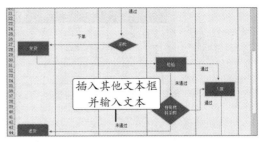

图6-20　插入文本框并输入文本　　　　　图6-21　插入其他文本框并输入文本

（3）按住【Shift】键选择插入的6个文本框，在【绘图工具 格式】/【艺术字样式】组中单击"文本填充"按钮 🅰 右侧的下拉按钮 ▾，在弹出的下拉列表中选择"红色，个性色2"选项，如图6-22所示，更改文本填充颜色。

（4）按【Esc】键退出文本框的选择状态，在【页面布局】/【页面设置】组中单击"页面设置"按钮 ▫，单击"页面设置"对话框中的"页面"选项卡，在"方向"栏中选中"横向"单选项。

（5）单击"页边距"选项卡，在"上""下"数值框中输入"0.5"，勾选"居中方式"栏中的"水平"复选框和"垂直"复选框，如图6-23所示，单击 打印(P)... 按钮。（效果所在位置：效果文件\项目六\任务一\采购流程图.xlsx。）

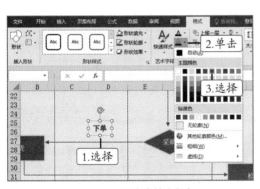

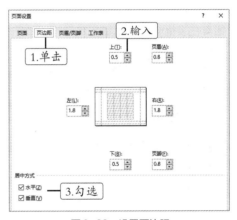

图6-22　设置文本填充颜色　　　　　　　图6-23　设置页边距

任务二　制作供应商管理表

现在，许多企业的物料或商品都是由多个供应商提供的，所以对于企业而言，供应商的数量可能是一个庞大的数字，此时就需要制作供应商管理表来帮助企业解决在供应商管理过程中遇到的问题，如供应商等级、付款周期等。

一、任务目标

老洪一大早就将公司最近合作的供应商资料放到米拉的办公桌上，希望米拉尽快制作一份供应商管理表的模板，以便后续对供应商进行管理和考评。该表格主要考评产品单价、产品质量评分、供应商等级3个方面。完成该任务需要用到样式和条件格式的相关知识。本任务完成后的最终效果如图6-24所示。

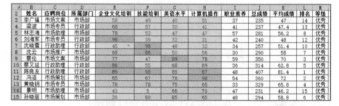

图6-24　供应商管理表的最终效果

二、相关知识

本任务的重点是使用样式和条件格式分析数据，因此，在制作表格之前简单介绍这两种功能的作用和特点。

（一）什么是样式

样式是多种格式的集合，如字体是一种格式，字号大小是另一种格式，样式可以同时包含设置的字体和字号大小。

如果在表格中经常对某些单元格或单元格区域应用相同的格式，则可以将这些格式定义为样式，以便快速设置目标单元格或单元格区域。Excel 2016中的样式应用到单元格或单元格区域之后，一旦更改样式中的某种格式，则所有应用了该样式的单元格或单元格区域都将同时改变效果，从而极大地提高表格的制作效率。

（二）条件格式的优势

根据条件格式可对符合条件的单元格或单元格区域应用各种格式效果。例如，需要将成绩中低于60分的数据显示为黄色，将60～85分的数据显示为绿色，将85分以上的数据显示为红色，则可利用条件格式，确定这些数据满足的条件，然后设置各条件对应的格式，即可快速应用格式，图6-25所示为应用条件格式后的效果。数据量越大的表格，越能体现条件格式的优势。

图6-25　应用条件格式后的效果

三、任务实施

（一）创建供应商管理数据

创建供应商管理数据的过程涉及数据的输入、行高和列宽的调整、基本格式的设置等内容，具体操作如下。

（1）启动Excel 2016，将工作簿保存为"供应商管理表.xlsx"，将"供应商管理表.docx"素材文件（素材所在位置：素材文件\项目六\任务二\供应商管理表.xlsx）中的内容输入A1:L16单元格区域，如图6-26所示。

项目六
采购管理

（2）对单元格区域进行合并和居中设置，并自动调整列宽，将第2~16行的行高设置为"20"，如图6-27所示。

图6-26　输入数据　　　　　　　　　　图6-27　设置单元格的格式

（3）选择A2:L16单元格区域，在【开始】/【对齐方式】组中单击"居中"按钮。在【开始】/【字体】组中单击"下框线"按钮右侧的下拉按钮，在弹出的下拉列表中选择"所有框线"选项，如图6-28所示。

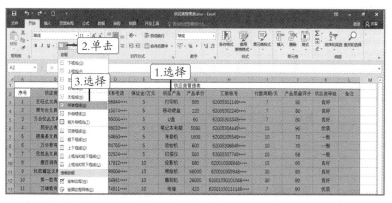

图6-28　为表格添加所有框线

（4）单击【开始】/【字体】组中"所有框线"按钮右侧的下拉按钮，在弹出的下拉列表中选择"粗外侧框线"选项，如图6-29所示。

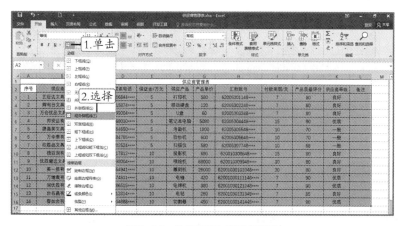

图6-29　为表格添加粗外侧框线

（5）选择G3:G16单元格区域，按【Ctrl+1】组合键打开"设置单元格格式"对话框，在"数字"选项卡中将数值格式设置为"货币、1位小数"。

（二）创建并应用样式

下面利用样式对表格中的标题和项目单元格进行美化，使表格层次更加清晰，具体操作如下。

（1）在【开始】/【样式】组中单击"单元格样式"按钮，在弹出的下拉列表中选择"新建单元格样式"选项，如图6-30所示。

微课视频

创建并应用样式

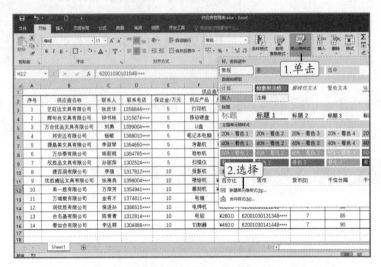

图6-30　新建单元格样式

（2）打开"样式"对话框，在"样式名"文本框中输入文本"表1"，单击 格式(O)... 按钮，如图6-31所示。

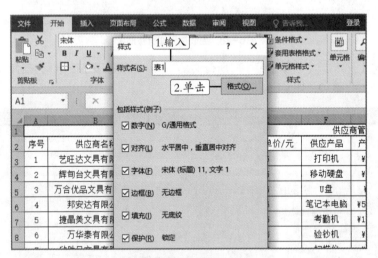

图6-31　输入样式名

（3）打开"设置单元格格式"对话框，在"字体"选项卡中将字体设置为"方正大黑简体"，字号设置为"28"，颜色设置为"白色，背景1"，如图6-32所示。

（4）单击"填充"选项卡，在"背景色"栏中选择最后一行中的"蓝色"选项，如图6-33所示，依次单击 确定 按钮，完成样式"表1"的创建。

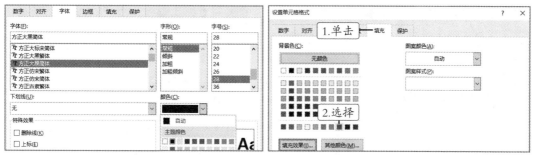

图6-32　设置字体格式　　　　　　　　　　　图6-33　设置单元格填充颜色

　　（5）打开"样式"对话框，在"样式名"文本框中输入文本"表2"，单击 格式(O)... 按钮，如图6-34所示。

　　（6）打开"设置单元格格式"对话框，在"填充"选项卡中将单元格背景色设置为"水绿色，个性色5，淡色60%"，在"字体"选项卡中进行图6-35所示的设置，依次单击 确定 按钮，完成样式的创建。

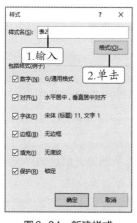

图6-34　新建样式

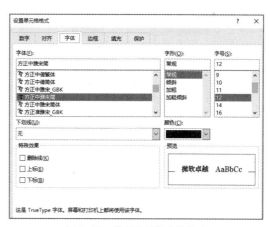

图6-35　设置单元格字体格式

　　（7）返回"Sheet1"工作表，选择A1单元格，单击【开始】/【样式】组中的"单元格样式"按钮，在弹出的下拉列表中选择"自定义"栏中的"表1"选项，如图6-36所示。

　　（8）选择A2:L2单元格区域，单击【开始】/【样式】组中的"单元格样式"按钮，在弹出的下拉列表中选择"自定义"栏中的"表2"选项，如图6-37所示。

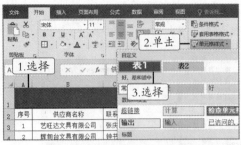

图6-36　应用自定义"表1"样式

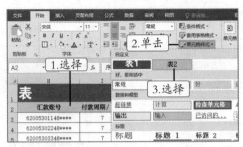

图6-37　应用自定义"表2"样式

（三）使用条件格式显示数据

为了更好地区分不同等级的供应商，下面利用条件格式功能将单元格中"优质"和"良好"的数据突出显示，具体操作如下。

（1）选择K3:K16单元格区域，在【开始】/【样式】组中单击"条件格式"按钮，在弹出的下拉列表中选择"新建规则"选项，如图6-38所示。

（2）打开"新建格式规则"对话框，在"选择规则类型"列表框中选择"只为包含以下内容的单元格设置格式"选项，在"编辑规则说明"列表框中选择"单元格值"和"等于"选项，并在右侧的文本框中输入文本"优质"，单击 格式(F)... 按钮，如图6-39所示。

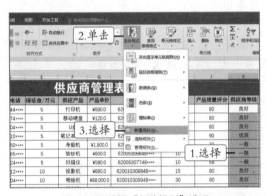

图6-38　选择"新建规则"选项

图6-39　新建格式规则

（3）打开"设置单元格格式"对话框，在"字体"选项卡中将字体颜色设置为"红色"，在"填充"选项卡中将背景色设置为"橙色"，单击 确定 按钮。

（4）返回"新建格式规则"对话框，单击 确定 按钮，此时，所选单元格区域中文本为"优质"的单元格呈红字、橙色填充颜色显示，如图6-40所示。

图6-40　应用条件格式后的效果

（5）保持单元格区域的选择状态，在【开始】/【样式】组中单击"条件格式"按钮，在弹出的下拉列表中选择"突出显示单元格规则"中的"等于"选项，如图6-41所示。

（6）打开"等于"对话框，在"Sheet1"工作表中选择K4单元格，在下拉列表中选择"绿填充色深绿色文本"选项，单击 确定 按钮，如图6-42所示（效果所在位置：效果文件\项目六\任务二\供应商管理表.xlsx）。

微课视频

使用条件格式显示数据

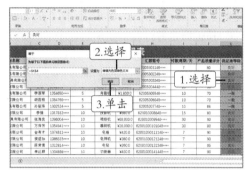

图6-41　选择"等于"选项　　　　图6-42　为等于"良好"的单元格设置格式

任务三　制作采购统计表

在经营过程中，企业需要对采购数据进行分组、分类、统计等操作，并以采购统计表的形式汇总，以便从不同的角度挖掘采购数据，从而帮助企业更好地改善采购工作。采购统计表常用于有关部门统计采购物品日期及数量等信息，是非常重要的数据参照依据，易于检查数据的完整性（是否有遗漏）和正确性。

一、任务目标

促销日即将来临，为了避免产品脱销的情况发生，老洪让米拉汇总近期的采购数据，以便详细了解每种产品的到货情况，若出现未发货或延时到货的情况，就及时通知采购部门进行后续的跟进工作。为完成该任务，米拉决定利用Excel 2016的合并计算功能和超链接功能实现汇总分析。本任务完成后的最终效果如图6-43所示。

图6-43　采购统计表的最终效果

二、相关知识

本任务涉及合并计算功能与超链接功能，这两种功能在实际工作中常见且实用。下面对它们进行简单介绍，以便后面更好地进行操作。

（一）合并计算的分类

利用合并计算功能，可以汇总一个或多个工作表中的数据，这些数据可以是同一工作簿中的数据，也可以是不同工作簿中的数据。根据引用区域的数据位置，可将合并计算分为按位置合并计算和按类合并计算两种方式。

- **按位置合并计算。**引用区域中的数据以相同的方式排列，也就是多个表格中的每一条记录名称、字段名称、排列顺序均相同。图6-44所示表示引用数据所在的表格与合并数据所在的表格，它们的字段名称、记录名称、排列顺序完全相同，此时合并数据只需选择具体的数据区域，而不用选择字段和记录所在的单元格。

字段1	字段2	字段3	字段4	字段5
记录1				
记录2				
记录3				
记录4				
记录5				
记录6				
记录7				
记录8				
记录9				
记录10				

引用数据所在的A表格

字段1	字段2	字段3	字段4	字段5
记录1				
记录2				
记录3				
记录4				
记录5				
记录6				
记录7				
记录8				
记录9				
记录10				

引用数据所在的B表格

字段1	字段2	字段3	字段4	字段5
记录1				
记录2				
记录3				
记录4				
记录5				
记录6				
记录7				
记录8				
记录9				
记录10				

合并数据所在的C表格

图6-44　按位置合并计算的数据结构

- **按类合并计算。**引用区域的数据所在工作表的字段名称和记录名称不完全相同，如图6-45所示。此时，在选择数据时便需要把不同的字段或记录所在的单元格一并选择，才能实现合并计算。

字段1	字段2	字段5
记录1		
记录2		
记录3		
记录4		
记录5		

引用数据所在的A表格

字段1	字段3	字段4
记录6		
记录7		
记录8		
记录9		
记录10		

引用数据所在的B表格

字段1	字段2	字段3	字段4	字段5
记录1				
记录2				
记录3				
记录4				
记录5				
记录6				
记录7				
记录8				
记录9				
记录10				

合并数据所在的C表格

图6-45　按类合并计算的数据结构

（二）超链接的作用

单击Internet中的超链接会跳转至对应的网页，Excel 2016中的超链接也具有类似的作用。单击创建了超链接的对象，便跳转到该对象指定的链接位置，从而将若干个数据表整合为一个数据表集合。

具体而言，Excel 2016中的超链接具有以下作用。

- 定位到Internet、Intranet 或 Internet 上的文件或网页。
- 定位到要创建的文件或网页。
- 发送电子邮件。
- 启动文件传送，如下载或执行 FTP。

三、任务实施

（一）创建采购统计表数据

下面通过输入、美化、复制工作表等操作来创建采购部门的统计表数据，具体操作如下。

微课视频

创建采购统计表
数据

（1）启动Excel 2016，将新建的空白工作簿保存为"采购统计表.xlsx"，将"Sheet1"工作表重命名为"护肤"，在【视图】选项卡中单击"显示"按钮，在弹出的下拉列表中取消勾选"网格线"复选框，如图6-46所示。

（2）在"护肤"工作表中输入表格的标题、项目、各条记录内容并进行美化，如图6-47所示。

图6-46 保存工作簿并设置工作表

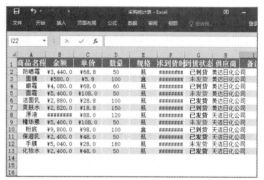

图6-47 输入并美化数据

（3）选择A~I列单元格区域，在【开始】/【单元格】组中单击"格式"按钮，在弹出的下拉列表中选择"自动调整列宽"选项，如图6-48所示。

（4）选择第2~13行单元格区域，打开"行高"对话框，在"行高"文本框中输入"20"，单击 确定 按钮，如图6-49所示。

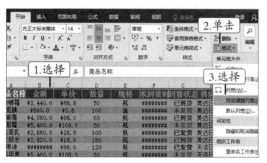

图6-48 自动调整列宽

图6-49 精确调整行高

（5）按住鼠标左键并拖曳鼠标，适当调整第1行的行高。将鼠标指针定位至"护肤"工作表标签上，按住【Ctrl】键和鼠标左键并拖曳鼠标，复制一张工作表，如图6-50所示。

（6）将复制后的"护肤（2）"工作表重命名为"美妆"，并修改表格中的数据，如图6-51所示。

（7）在"Sheet2"工作表标签上单击鼠标右键，在弹出的快捷菜单中选择【删除】命令，在弹出的提示对话框中单击 删除 按钮，删除该工作表。

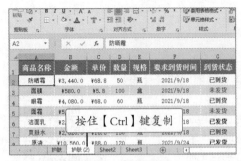

图6-50　复制工作表

图6-51　重命名工作表并修改数据

（二）快速合并计算数据

下面对已有的采购数据进行按类合并计算，得到采购部门护肤和美妆的总体采购结果，具体操作如下。

（1）在"Sheet3"工作表中选择A3单元格，在【数据】/【数据工具】组中单击"合并计算"按钮，如图6-52所示。

（2）打开"合并计算"对话框，单击"引用位置"右侧的"收缩"按钮，引用"护肤"工作表中的A1:F13单元格区域，单击 添加(A) 按钮将其添加到"所有引用位置"列表框中，如图6-53所示。

微课视频

快速合并计算数据

图6-52　选择单元格并单击"合并计算"按钮

图6-53　引用合并计算区域

（3）引用"美妆"工作表中的A1:F13单元格区域，勾选"最左列"复选框，单击 确定 按钮，如图6-54所示。

（4）此时，"Sheet3"工作表中显示合并后数据。选择E列单元格，在其上单击鼠标右键，在弹出的快捷菜单中选择【删除】命令，如图6-55所示。

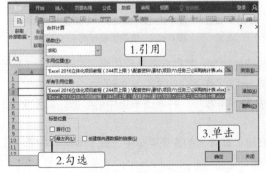

图6-54　继续引用数据

图6-55　删除E列单元格

（5）依次在B3、C3、D3、E3单元格中输入文本"金额""单价""数量""要求到货时间"。输入标题文本"采购统计表"，并对表格进行美化设置，包括添加边框、设置单元格填充颜色和对齐方式、调整行高和列宽等，如图6-56所示。

（6）双击"Sheet3"工作表标签，将工作表重命名为"护肤与美妆"，如图6-57所示。

图6-56　输入数据并美化工作表　　　　　　　　图6-57　重命名工作表

（三）使用超链接连接各工作表

下面在各个工作表中创建图形并添加超链接，将多个工作表联系起来，以便查看表格数据，具体操作如下。

微课视频

使用超链接连接
各工作表

（1）切换到"护肤"工作表，在【插入】选项卡中单击"插图"按钮，在弹出的下拉列表中单击"形状"按钮，在弹出的下拉列表中选择"圆角矩形"选项，如图6-58所示。

（2）按住鼠标左键并拖曳鼠标，在表格数据下方绘制圆角矩形，在其上单击鼠标右键，在弹出的快捷菜单中选择【编辑文字】命令，如图6-59所示。

图6-58　选择形状

图6-59　选择【编辑文字】命令

（3）在圆角矩形中输入文本"护肤"。打开"设置形状格式"任务窗格，将图形填充颜色设为渐变效果，并取消图形边框。将文本框垂直对齐方式设置为"中部居中"。在【开始】/【字体】组中将图形中输入的文本格式设置为"方正中雅宋简，加粗，14，红色"，如图6-60所示。

（4）关闭"设置形状格式"任务窗格，在【插入】/【链接】组中单击"超链接"按钮，如图6-61所示。

（5）打开"插入超链接"对话框，在左侧的列表框中单击"本文档中的位置"选项卡，在右侧的列表框中选择"护肤"选项，单击 确定 按钮，如图6-62所示。

（6）按住【Ctrl+Shift】组合键和鼠标左键，在圆角矩形的边框上向右拖曳鼠标，复制两个圆角矩形，将复制的圆角矩形中的文本修改为"美妆"和"护肤与美妆"。在复制的"美妆"圆角矩形上单击鼠标右键，在弹出的快捷菜单中选择【编辑超链接】命令，如图6-63所示。

图6-60　设置形状格式和文本格式

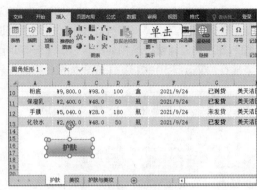

图6-61　单击"超链接"按钮

图6-62　指定链接目标

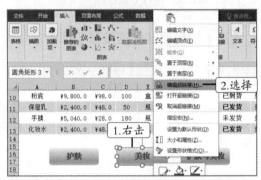

图6-63　编辑超链接

操作提示　　　　　　　　　　　**取消超链接**

　　　当不需要使用超链接时，可以将其删除，具体操作方法为：在工作表中选择需要取消超链接的文本或图形，在【插入】/【链接】组中单击"超链接"按钮🌐，打开"编辑超链接"对话框，选择引用位置，单击 删除链接(R) 按钮，即可将插入的超链接删除。

（7）在打开的对话框中将链接目标更改为"美妆"，单击 确定 按钮，如图6-64所示。

（8）使用相同的操作方法，更改另外一个圆角矩形的链接目标，将3个圆角矩形复制到其他两个工作表中，如图6-65所示（效果所在位置：效果文件\项目六\任务三\采购统计表.xlsx）。

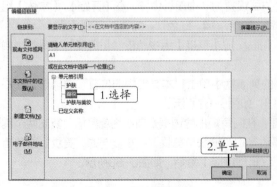

图6-64　更改链接目标

图6-65　复制圆角矩形

实训一　制作采购入库明细表

【实训要求】

完成本实训需要熟练掌握单元格样式与条件格式的使用方法。本实训完成后的最终效果如图6-66所示（效果所在位置：效果文件\项目六\实训一\采购入库明细表.xlsx）。

	日期	入库单号	供应商	到货类型	产品名称	规格	单位	单价	入库数	入库金额	入库人	备注信息
4	2021/9/16	SD20210901	A公司	采购入库	打印纸	A4	包	23.8	4	95.2	张丽	
5	2021/9/17	SD20210902	A公司	采购入库	复印机	TS3800	台	1080	2	2160	张丽	
6	2021/9/18	SD20210903	A公司	采购入库	办公桌	1m*2m	张	690	6	4140	张丽	
7	2021/9/19	SD20210904	A公司	采购入库	碎纸机	DE250	台	128.8	7	901.6	张丽	
8	2021/9/20	SD20210905	A公司	采购入库	双面移动白板	60cm*90cm	个	98	5	490	张丽	
9	2021/9/21	SD20210906	A公司	采购入库	办公桌	1m*2m	张	690	9	6210	张丽	
10	2021/9/22	SD20210907	A公司	采购入库	Thinkpad笔记本	Thinkpad E14	台	5000	6	30000	张丽	
11	2021/9/23	SD20210908	A公司	退货	Thinkpad笔记本	Thinkpad E14	台	5000	-1	-5000	张丽	
12	2021/9/24	SD20210909	A公司	退货	碎纸机	DE250	台	128.8	-3	-386.4	张丽	

图6-66　采购入库明细表的最终效果

【实训思路】

完成本实训需要先新建单元格样式，然后将新建的单元格样式应用于表头、标题、正文，最后将入库金额为负数的单元格突出显示，其操作思路如图6-67所示。

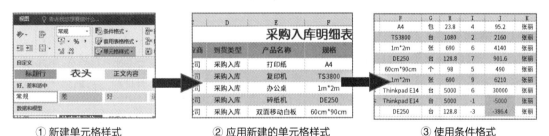

① 新建单元格样式　　　② 应用新建的单元格样式　　　③ 使用条件格式

图6-67　制作采购入库明细表的思路

【步骤提示】

（1）打开"采购入库明细表"工作簿，自动调整A~L列的列宽。

（2）打开"样式"对话框，创建"标题行"样式。打开"设置单元格格式"对话框，将该样式的字体格式设置为"方正准圆简体，加粗，20，红色"。按照相同的操作方法，分别创建"表头"和"正文内容"样式。

（3）选择A1单元格并对其应用"标题行"样式，选择A3:L3单元格区域并对其应用"表头"样式，隔行为单元格应用"正文内容"样式。

（4）选择J4:J12单元格区域，单击【开始】/【样式】组中的"条件格式"按钮，在弹出的下拉列表中选择"突出显示单元格规则"中的"小于"选项，在打开的"小于"对话框中设置小于值为"0"。

实训二　制作物资采购统计表

【实训要求】

完成本实训需要利用合并计算功能汇总企业上半年采购的物资数量和金额，然后利用超链接实现工作表之间的快速切换。本实训完成后的最终效果如图6-68所示（效果所在位置：效果文件\项目六\实训二\物资采购统计表.xlsx）。

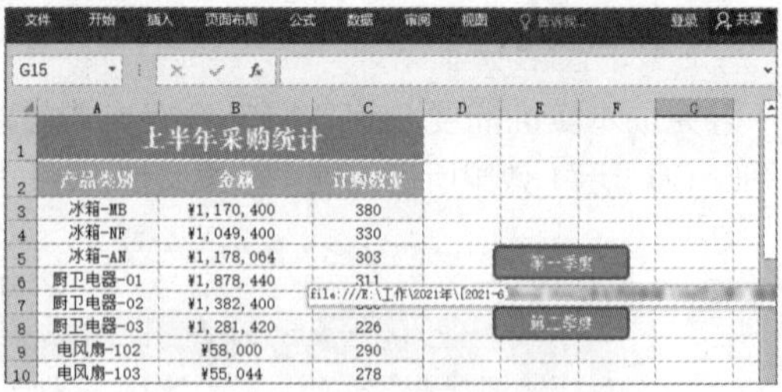

图6-68　物资采购统计表的最终效果

【实训思路】

完成本实训需要先使用Excel 2016的合并计算功能，对第一季度和第二季度的采购数量、金额进行求和，然后美化采购统计数据，最后绘制圆角矩形并添加超链接，其操作思路如图6-69所示。

　①　合并计算数据　　　　　　　②　美化工作表　　　　　　　③　添加超链接

图6-69　制作物资采购统计表的思路

【步骤提示】

（1）打开"物资采购统计表"工作簿，切换到"上半年采购统计"工作表。选择A2单元格，在【数据】/【数据工具】组中单击"合并计算"按钮，在打开的"合并计算"对话框中设置函数为"求和"，引用位置为"第一季度"和"第二季度"工作表中的B1:D16单元格区域。

（2）在"上半年采购统计"工作表中，先将标题和表头补充完整，然后调整单元格的行高、列宽、填充颜色、边框等。

（3）在"上半年采购统计"工作表中绘制圆角矩形，并在其中输入文本"第一季度"。选择绘制好的圆角矩形，打开"插入超链接"对话框，将链接目标设置为本文档中的"第一季度"工作表。

（4）复制圆角矩形，更改其中的文本和链接目标。

常见疑难问题解答

问：在使用合并计算功能时，"标签位置"栏中的"首行"复选框和"最左列"复选框有什么作用？

答：勾选相应的复选框，可将合并数据的首行或最左列标识为项目。按类合并计算时，各工作表中不同的项目将合并到一个工作表中，如果合并的数据中首行和最左列的项目均不相同，则可同时勾选这两个复选框后再进行合并。

问：为图形创建超链接后，在选择该图形时如何才不会跳转到链接目标？

答：在图形上单击鼠标右键，在弹出的快捷菜单中选择【取消超链接】命令，便可选择该图形，而不是跳转到链接目标。

拓展知识

1. 超链接的屏幕提示

超链接的屏幕提示是指将鼠标指针移至添加了超链接的对象上并稍作停留，便会显示出单击此超链接后将出现的结果等相关提示信息，如图6-70所示。为超链接添加屏幕提示后，可以让表格使用者更加清楚各超链接的作用，从而更好地使用表格。

图6-70 超链接的屏幕提示

创建屏幕提示的方法为：打开"插入超链接"对话框或"编辑超链接"对话框，单击 屏幕提示(P)... 按钮，在打开的对话框中输入相关的提示信息。注意，输入的屏幕提示内容一定要与链接目标相关，否则就失去了屏幕提示的意义。

2. 在条件格式中使用公式

在条件格式中使用公式可以设置出更多的格式效果。假设要在数据区域中隔行填充浅黄色，手动填充很麻烦，特别是数据量很大时，更加烦琐。使用条件格式和公式可自动实现隔行填充。

首先选择需要设置填充效果的单元格区域，打开"新建格式规则"对话框，在"选择规则类型"列表框中选择"使用公式确定要设置格式的单元格"选项，在"为符合此公式的值设置格式"文本框中输入公式"=IF(MOD($A3,2),1)"，为满足条件的单元格填充浅蓝色，如图6-71所示。此公式表示如果A3单元格中的数据除以2后余1，就执行设置的格式，否则不执行。

图6-71 设置隔行填充效果

> **知识补充** 　　　　　　　　**每隔两行为单元格填充颜色**
>
> 　　在Excel 2016中除了可以隔行填充单元格颜色外，还可以每隔两行填充单元格颜色，具体操作方法为：在工作表中选择需要设置的单元格区域，打开"新建格式规则"对话框，选择"使用公式确定要设置格式的单元格"选项，在"为符合此公式的值设置格式"文本框中输入公式"=mod(row()-1,3)=0"，单击 格式(F)... 按钮，在打开的对话框中设置好填充颜色，即可为所选单元格区域每隔两行填充颜色。

课后练习

练习1：制作采购订单跟进表

打开“采购订单跟进表/xlsx”工作簿（素材所在位置：素材文件\项目六\课后练习\采购订单跟进表.xlsx），在“Sheet1”工作表中新建名为“表1”和“表2”的单元格样式，其中“表1”样式包括字号、字体、字体颜色、单元格填充颜色等；“表2”样式包括边框样式、单元格填充颜色等。为标题应用“表1”样式，为表头应用“表2”样式。最后突出显示G4:K17单元格区域中包括“√”符号的单元格，如图6-72所示（效果所在位置：效果文件\项目六\课后练习\采购订单跟进表.xlsx）。

采购订单跟进

采购单号	供应商名称	联系方式	订单金额/元	订单生成日期	订单紧急程度	订单状态				
						已下单	已付款	已发货	已收款	完成
DS-001	华华商贸	1352088****	5800	9月5日	紧急	√				
DS-002	路人零售	1305798****	5600	9月5日	一般		√			√
DS-003	露露百货	1399508****	4500	9月5日	非常紧急					√
DS-004	泰雅商贸	1583218****	4800	9月5日	一般			√		
DS-005	显民副食品	1776928****	5600	9月5日	一般				√	
DS-006	小刚百货	1330638****	5000	9月5日	紧急	√				
DS-007	红火商贸	1324348****	4800	9月5日	紧急			√		
DS-008	四民百货	1358058****	9800	9月5日	紧急		√			
DS-009	钟钟百货	1361768****	5700	9月6日	非常紧急					√
DS-010	小张副食品	1335478****	7800	9月6日	一般	√				
DS-011	广发副食品	1339188****	5600	9月6日	非常紧急		√			
DS-012	华兴达商贸	1302898****	4500	9月7日	紧急				√	
DS-013	永旺丽食品	1306608****	1800	9月7日	紧急			√		
DS-014	张丽副食品	1330318****	5600	9月7日	一般		√			

Sheet1 Sheet2 Sheet3

图6-72　采购订单跟进表的最终效果

练习2：制作采购月报表

利用Excel 2016制作采购月报表（素材所在位置：素材文件\项目六\课后练习\采购月报表.xlsx），在制作过程中涉及的知识点包括合并单元格、美化单元格、打印设置等。完成后的效果如图6-73所示（效果所在位置：效果文件\项目六\课后练习\采购月报表.xlsx）。

采购月报表

序号	采购日期	商品名称	金额/元	数量	单价	规格	商品编号	供应商	备注
1	9月6日	牛奶	225	5	45	箱	MN01	四民百货	
2	9月8日	酸奶	550	10	55	箱	MN02	四民百货	
3	9月10日	啤酒	360	8	45	件	MN03	华兴达副食	
4	9月15日	面粉	54	3	18	袋	MN04	华兴达副食	
5	9月16日	大米	550	10	55	袋	MN05	华兴达副食	
6	9月20日	油	270	6	45	桶	MN06	钟钟百货	
7	9月21日	鸡蛋	600	20	30	盒	MN07	红火商贸	
8	9月23日	猪肉	575	50	11.5	斤	MN08	四民百货	
9	9月25日	牛肉	960	20	48	斤	MN09	钟钟百货	
10	9月28日	茶叶	264	3	88	盒	MN10	钟钟百货	
11	9月30日	白糖	28	10	2.8	斤	MN11	钟钟百货	
12	9月30日	饼干	115.2	4	28.8	盒	MN12	华兴达商贸	

9月份 10月份 汇总

图6-73　采购月报表的最终效果

项目七
销售管理

情景导入

老洪："米拉，最近这段时间你也做了不少表格，有什么心得体会吗？"

米拉："最直观的感受就是我的工作效率明显提高了，以前要花两个小时才能完成的工作，现在只需要半小时。"

老洪："那太好了。我打算给你安排一项新任务，主要统计与销售相关的数据，包括销售业绩、销售记录、销售报表等数据。"

米拉："没问题，我就喜欢和各种数据打交道。"

老洪："那好，我下午就把相关资料通过QQ发给你，下周一把制作结果发到我的邮箱。"

米拉："好的，您放心，我一定按时圆满完成任务。"

学习目标

- 熟悉切片器和迷你图的使用方法。
- 熟悉公式审核和按笔画、按行排序的方法。
- 熟悉方差分析工具的使用方法。

技能目标

- 能够使用切片器和迷你图分析表格数据。
- 能够按笔画或按行对数据进行排序。

素质目标

具备创新意识和学习能力，提高语言表达能力和沟通能力。

任务一　制作销售业绩统计表

销售业绩统计表是反映某一段时间内员工业绩的重要指标，同时也能够帮助企业从销售数据中找到当下的热销产品。因此，销售部门每月要做的工作就是制作销售业绩统计表。通过该表，管理层可以实时监督销售人员的工作情况，还可以为管理层和决策层提供有效的决策信息。

一、任务目标

老洪告诉米拉，此次销售业绩统计表的编制涉及多方面的知识，主要包括数据美化、数据计算、数据筛选、图表的使用等。老洪希望米拉能够灵活运用掌握的知识，顺利完成该任务。本任务完成后的最终效果如图7-1所示。

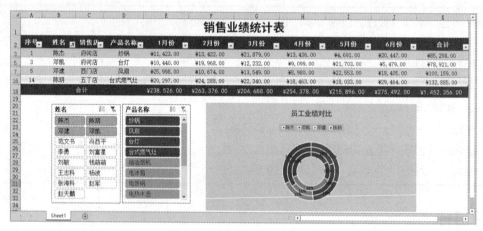

图7-1　销售业绩统计表的最终效果

二、相关知识

在分析Excel表格中的数据时，除了使用常用的图表和数据透视图外，还可以使用切片器和迷你图。下面介绍切片器和迷你图的含义和使用方法。

（一）切片器的作用

切片器实质上就是将数据透视表中的每个字段单独创建为一个选取器，然后利用不同的选取器筛选字段，其功能与数据透视表字段中的筛选按钮相同，但切片器使用起来更加方便灵活。在Excel 2016中插入切片器的方法主要有以下两种。

- **转换智能表。**打开要插入切片器的工作簿，在目标工作表中选择需要进行数据筛选的单元格区域，按【Ctrl+T】组合键将所选单元格区域转换成智能表。此时，表头右侧出现筛选按钮，同时激活【表格工具 设计】选项卡。在【表格工具 设计】/【工具】组中单击"插入切片器"按钮，打开"插入切片器"对话框，在其中单击要筛选的字段后，单击 确定 按钮即可插入切片器。
- **插入数据透视表。**打开要插入切片器的工作簿，在目标工作表中创建数据透视表，在【数据透视表工具 分析】/【筛选】组中单击"插入切片器"按钮，打开"插入切片器"对话框，在其中单击要筛选的字段，单击 确定 按钮即可插入切片器。

知识补充 **设置切片器**

在工作表中成功插入切片器后，自动激活"切片器工具 选项"选项卡，如图7-2所示，在其中可以设置切片器的名称、样式、排列方式、按钮大小等。

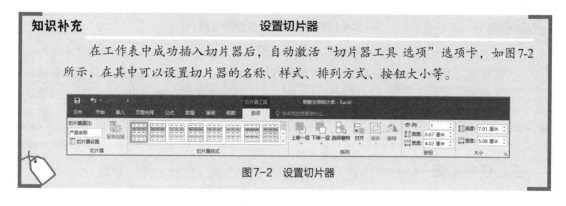

图7-2 设置切片器

（二）迷你图的作用

迷你图是一种存放于单元格中的小型图表，通常用于分析表格内某一系列数值的变化趋势，相对于图表来说更简单。

1. 创建迷你图

Excel 2016 提供了折线图、柱形图、盈亏图3种迷你图，用户可以根据数据特点选择合适的迷你图。创建迷你图的方法为：选择存放迷你图的单个或多个连续的单元格，在【插入】/【迷你图】组中单击图表按钮，如单击"折线图"按钮，打开"创建迷你图"对话框，在其中设置数据范围和位置范围，单击 确定 按钮，Excel 2016将根据所选数据创建迷你图，如图7-3所示。

	2月份	3月份	4月份	5月份	6月份	合计	
	销售业绩统计表						
3	¥13,422.00	¥21,879.00	¥13,436.00	¥4,691.00	¥20,447.00	¥73,875.00	
4	¥26,803.00	¥4,501.00	¥24,976.00	¥9,437.00	¥24,342.00	¥90,059.00	
5	¥19,968.00	¥12,232.00	¥9,099.00	¥21,703.00	¥5,479.00	¥68,481.00	
6	¥14,226.00	¥7,690.00	¥14,583.00	¥5,386.00	¥4,624.00	¥46,509.00	
7	¥10,674.00	¥13,549.00	¥8,980.00	¥22,553.00	¥18,405.00	¥74,161.00	
8	¥16,401.00	¥5,224.00	¥17,291.00	¥10,161.00	¥21,665.00	¥70,742.00	

图7-3 在工作表中创建迷你图

2. 美化迷你图

在Excel 2016中可以通过应用迷你图样式、设置迷你图颜色和设置标记颜色等美化迷你图。迷你图的美化方法如下。

- **应用迷你图样式：** 选择创建的迷你图，在【迷你图工具 设计】/【样式】组中的列表中选择需要的迷你图样式，美化迷你图。

- **设置迷你图颜色：** 选择迷你图，在【迷你图工具 设计】/【样式】组中单击"迷你图颜色"按钮右侧的下拉按钮，在弹出的下拉列表中选择需要的颜色。

- **设置标记颜色：** 选择迷你图，在【迷你图工具 设计】/【样式】组中单击"标记颜色"按钮右侧的下拉按钮，在弹出的下拉列表中选择需要设置的标记，在打开的子列表中选择需要的颜色，如图7-4所示。

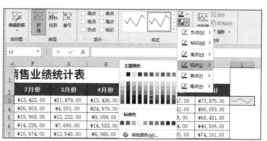

图7-4 设置迷你图的标记颜色

> **知识补充** 　　　　　　　　　　**单个迷你图和一组迷你图的区别**
>
> 　　在创建迷你图时，如果引用的是一行或一列数据作为数据源，则创建的是单个迷你图；如果引用的是多行或多列数据作为数据源，或者像填充公式一样填充创建迷你图，则创建的是一组迷你图，而且在对其进行编辑时，会同时对这一组迷你图进行操作，如更改迷你图、删除迷你图、更改数据源等，不能单个进行编辑。

三、任务实施

（一）输入并美化销售业绩统计表

微课视频

输入并美化销售业绩统计表

　　完成本任务应先打开素材文件"销售业绩统计表.xlsx"，然后为单元格区域添加边框和渐变填充效果，具体操作如下。

　　（1）打开素材文件"销售业绩统计表.xlsx"（素材所在位置：素材文件\项目七\任务一\销售业绩统计表.xlsx），在"Sheet1"工作表中选择A3:K15单元格区域，打开"设置单元格格式"对话框。

　　（2）单击"边框"选项卡，在"颜色"下拉列表中选择"主题颜色"栏中的"橙色，个性色6，淡色40%"选项，单击右侧"边框"栏中的 按钮，如图7-5所示，单击 确定 按钮。

　　（3）返回工作表中，即可查看表格添加边框后的效果。在【开始】/【样式】组中单击"条件格式"按钮 ，在弹出的下拉列表中选择"新建规则"选项，如图7-6所示。

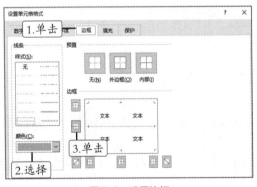

图7-5　设置边框

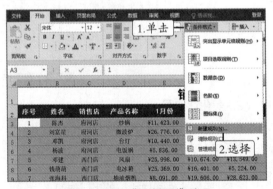

图7-6　选择"新建规则"选项

　　（4）打开"新建格式规则"对话框，在"选择规则类型"列表框中选择最后一个选项，在"编辑规则说明"栏的文本框中输入公式"=MOD(ROW(),2)=0"，单击 格式(F)... 按钮，如图7-7所示。

　　（5）打开"设置单元格格式"对话框，在"填充"选项卡中单击 填充效果(I)... 按钮。

　　（6）打开"填充效果"对话框，在"颜色"栏中默认选中"双色"单选项，在"颜色2"下拉列表中选择"主题颜色"栏中的"白色，背景1，深色5%"选项，在"变形"栏中选择第二行第一个选项，如图7-8所示，依次单击 确定 按钮完成设置。

图7-7　新建格式规则

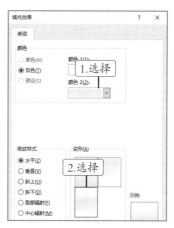

图7-8　设置渐变填充效果

（7）返回"Sheet1"工作表，查看所选单元格区域隔行渐变填充的效果，如图7-9所示。

	A	B	C	D	E	F	G	H	I	J
1					销售业绩统计表					
2	序号	姓名	销售店	产品名称	1月份	2月份	3月份	4月份	5月份	6月份
3	1	陈杰	府河店	炒锅	¥11,423.00	¥13,422.00	¥21,879.00	¥13,436.00	¥4,691.00	¥20,447.00
4	2	刘富星	府河店	微波炉	¥26,776.00	¥26,803.00	¥4,501.00	¥24,976.00	¥9,437.00	¥24,342.00
5	3	邓凯	府河店	台灯	¥10,440.00	¥19,968.00	¥12,232.00	¥9,099.00	¥21,703.00	¥5,479.00
6	4	杨波	府河店	电饭锅	¥5,836.00	¥14,226.00	¥7,690.00	¥14,583.00	¥5,386.00	¥4,624.00
7	5	邓建	西门店	风扇	¥25,998.00	¥10,674.00	¥13,549.00	¥8,980.00	¥22,553.00	¥18,405.00
8	6	钱萌萌	西门店	电冰箱	¥25,369.00	¥16,401.00	¥5,224.00	¥17,291.00	¥10,161.00	¥21,665.00

图7-9　单元格区域渐变填充效果

（二）使用函数计算销售金额

完成表格的美化后，下面利用自动求和函数计算员工上半年的销售金额和每个月的总销售金额，具体操作如下。

（1）在"Sheet1"工作表中选择K3单元格，在【公式】/【函数库】组中单击"自动求和"按钮Σ。此时，K3单元格自动显示参与计算的单元格区域，如图7-10所示，确认无误后，按【Enter】键。

（2）返回工作表中查看计算结果，按住鼠标左键并拖曳鼠标，将K3单元格的公式复制到K4:K17单元格区域，如图7-11所示。

微课视频

使用函数计算销售
金额

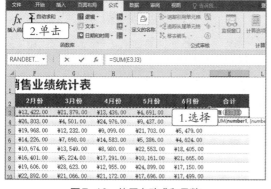

图7-10　使用自动求和函数

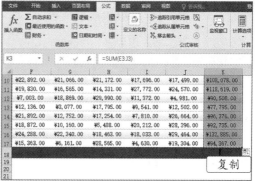

图7-11　复制公式

（3）选择E18单元格，单击【公式】/【函数库】组中的"自动求和"按钮∑。此时，E18单元格自动显示参与计算的单元格区域，如图7-12所示，确认无误后，按【Enter】键。

（4）返回工作表中查看计算结果，按住鼠标左键并拖曳鼠标，将E18单元格的公式复制到F18:K18单元格区域，如图7-13所示。

图7-12　计算每月合计金额

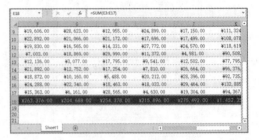

图7-13　复制公式

（三）利用切片器完成数据筛选

使用切片器筛选数据会使统计结果更加直观，并且切片器中包含一组按钮，用户无须打开下拉列表就能对数据进行筛选查看或筛选统计的操作。下面通过转换智能表的方式，在工作表中插入"姓名"和"产品名称"两个切片器，具体操作如下。

（1）选择A2:K17单元格区域，按【Ctrl+T】组合键打开"创建表"对话框，单击 确定 按钮，如图7-14所示。

（2）将表格转换为智能表，此时，表头中每个单元格的右下角显示筛选下拉按钮，在【表格工具 设计】/【工具】组中单击"插入切片器"按钮，如图7-15所示。

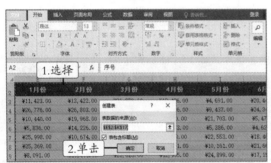

图7-14　将表格转换为智能表

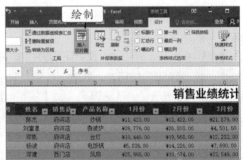

图7-15　单击"插入切片器"按钮

（3）打开"插入切片器"对话框，勾选"姓名"和"产品名称"复选框，单击 确定 按钮，如图7-16所示。

（4）返回工作表中，即可查看插入的两个切片器，按住鼠标左键并拖曳鼠标，适当移动切片器的位置，在"姓名"切片器中单击"多选"按钮，选择前4名员工的姓名，只筛选前4名员工的数据，如图7-17所示。

（5）保持"姓名"切片器的选择状态，在【切片器工具 选项】/【按钮】组中的"列"文本框中输入"2"，如图7-18所示。

（6）选择"产品名称"切片器，在【切片器工具 选项】/【切片器样式】组中单击"快速样式"按钮，在弹出的下拉列表中选择"深色"栏中的"切片器样式深色2"选项，如图7-19所示，为所选切片器应用预设样式。

图7-16 选择要插入切片器的字段

图7-17 筛选数据

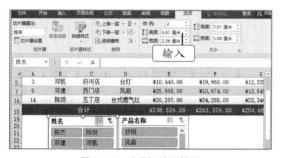

图7-18 设置切片器的列

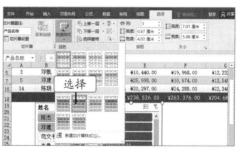

图7-19 为切片器应用预设样式

操作提示 切片器的设置

在工作表中创建切片器后，单击【切片器工具】/【选项】组中的"切片器设置"按钮，可以在打开的"切片器设置"对话框中设置切片器名称、切片器标题栏中显示的名称、切片器中选项的排列方式等。

（四）创建圆环图

圆环图可以显示各个部分与整体之间的关系，下面利用圆环图对比员工的销售业绩，具体操作如下。

（1）在【插入】/【图表】组中单击"插入饼图或圆环图"按钮，在弹出的下拉列表中选择"圆环图"选项，如图7-20所示。

（2）此时，工作表中插入一张空白图，单击【图表工具 设计】/【数据】组中的"选择数据"按钮，打开"选择数据源"对话框，单击"图表数据区域"文本框后的"收缩"按钮，返回工作表，选择图7-21所示的单元格区域。

（3）单击"展开"按钮，返回"选择数据源"对话框，单击 确定 按钮，如图7-22所示。

微课视频

创建员工圆环图

（4）选择插入的圆环图，在【图表工具 设计】/【图表布局】组中单击"快速布局"按钮，在弹出的下拉列表中选择"布局2"选项，如图7-23所示。

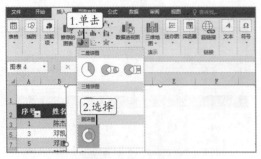

图7-20　选择图表类型

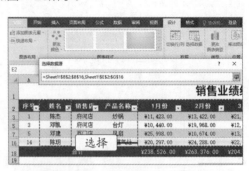

图7-21　选择图表数据区域

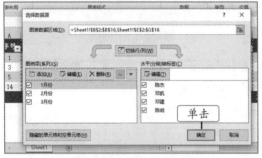

图7-22　确认图表数据区域

图7-23　更改图表布局

（5）选择图表区，单击【图表工具 格式】/【形状样式】组中"形状填充"按钮右侧的下拉按钮，在弹出的下拉列表中选择"紫色，个性色4，淡色80%"选项，如图7-24所示。

（6）将圆环图标题更改为"员工业绩对比"，并在【开始】/【字体】组中将标题字体格式设置为"思源黑体 CN Regular"。利用【图表工具 格式】/【形状样式】组将图例填充颜色设置为"茶色，背景2，深色10%"，如图7-25所示（效果所在位置：效果文件\项目七\任务一\销售业绩统计表.xlsx）。

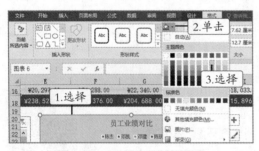

图7-24　更改图表区的填充颜色

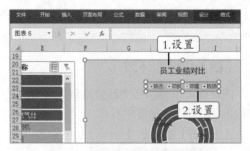

图7-25　设置圆环图的标题和图例

任务二　制作商品销售记录表

使用商品销售记录表可以将员工所售商品的详细数据汇总显示，包括商品单价、销售量、销售总额、商品编号等，同时可以对销售记录表中的各条记录进行排序、筛选，以此帮助管理层掌握销售人员的销售动向和销售能力。

一、任务目标

米拉编制的销售业绩统计表受到了经理的好评，于是老洪决定此次商品销售记录表的编制工作也由米拉来完成。该表格主要记录商品编号、单价、销售量、销售总额等数据。完成该任务需要使用公式审核和排序的相关知识。本任务完成后的最终效果如图7-26所示。

商品销售记录表

销售日期	商品编号	销售方式	销售人员	品牌	规格/瓶	单价/元	销售量/瓶	销售总额/元
10月5日	XF-158	线上	黄雪琴	萃花之秀	200	13.90	13	180.70
10月5日	XF-630	线上	郭子明	采乐	200	12.50	16	200.00
10月5日	MS-520	线上	姜丽丽	清逸	200	12.80	13	166.40
10月5日	MS-230	线下	周韵	飘影	200	13.70	8	109.60
10月5日	MS-220	线上	罗嘉良	拉芳	200	11.90	6	71.40
10月5日	XF-605	线上	张晗	亮荘	200	12.50	10	125.00
10月5日	XF-115	线下	张涛	夏士莲	400	34.90	19	663.10
10月5日	MS-102	线上	宋燕	海飞丝	400	35.80	8	286.40
10月5日	MS-89	线下	李健	力士	400	37.00	7	259.00
10月5日	XF-13	线下	李丽	好迪	200	12.80	18	230.40
10月5日	XF-56	线上	刘明华	飘柔	200	13.90	12	166.80
10月5日	XF-50	线上	任芳	沙宣	400	49.00	20	980.00
10月5日	XF-105	线下	冯顺天	潘婷	400	39.80	6	238.80

图7-26　商品销售记录表的最终效果

二、相关知识

公式审核、按笔画排序、按行排序功能的使用，是完成本任务涉及的相关操作。因此，在执行任务之前，有必要了解这几项功能的相关知识。

（一）公式审核的作用

使用公式审核可以检查工作表中公式应用的准确性，它通过参考相同区域中公式的引用区域等因素，对该区域的公式一致性进行对比、分析，并可显示公式引用的单元格区域，以及该单元格从属的其他公式。

- **错误检查。**通过此功能可以检查表格中是否存在错误公式，若存在，则打开错误提示对话框，其中显示错误的公式及错误的原因，如图7-27所示。单击该对话框中的 选项(O)... 按钮，还可以在打开的"Excel 选项"对话框中设置错误检查的规则，如图7-28所示。

图7-27　显示错误的公式及原因

图7-28　设置错误检查规则

- **追踪引用单元格。**通过此功能可以显示公式所在单元格中引用了哪些单元格，并在引用的单元格上显示蓝色的箭头，箭头的方向指向公式所在的单元格，以便直观地查看公式引用正确与否。

- **追踪从属单元格。**通过此功能可以确认公式所在单元格是否为其他单元格的引用单元格，若是，则显示蓝色箭头并指向该单元格。

（二）按笔画排序和按行排序

Excel 2016不仅可以按数据记录的大小排序、按自定义的方式排序，还可按中文笔画排序，以及按行（项目）排序，以便更加灵活地管理表格数据。

- **按笔画排序。**通过此功能可以按照中文笔画的多少对数据记录进行排序，适用于姓名、地址等中文内容的数据记录的排序。
- **按行排序。**通过此功能可以调整表格项目的先后顺序，但需要借助辅助排序的数据，排序完成后，需要手动将这些数据删除，以免影响表格内容。

三、任务实施

（一）设置单元格的格式和样式

完成本任务首先需要设置单元格的格式和样式，包括设置边框、底纹，更改字号等，具体操作如下。

（1）打开"商品销售记录表.xlsx"工作簿（素材所在位置：素材文件\项目七\任务二\商品销售记录表.xlsx），选择合并后的A1单元格，在【开始】/【字体】组中将字号设置为"20"，如图7-29所示。

（2）选择A2:I15单元格区域，在【开始】/【样式】组中单击"套用表格格式"按钮，在弹出的下拉列表中选择"浅色"栏中的"蓝色,表样式浅色9"选项，如图7-30所示。

图7-29 设置标题字号

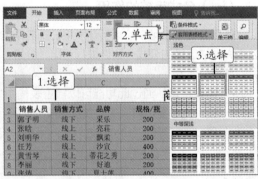

图7-30 选择套用表格格式

（3）在打开的"创建表"对话框中单击 确定 按钮，如图7-31所示。

（4）此时表头中单元格的右侧自动显示筛选下拉按钮，单击【数据】/【排序和筛选】组中的"筛选"按钮，如图7-32所示，取消表格的筛选状态。

（5）在【视图】/【显示】组中取消勾选"网格线"复选框。

（6）按住鼠标左键并拖曳鼠标，增加第2行的高度，利用"行高"对话框统一调整第3~15行的高度，如图7-33所示。

图7-31　确认套用表格区域　　　　　　图7-32　取消表格筛选状态

图7-33　精确调整表格行高

（二）应用并审核公式

下面在表格中使用公式，为确保公式引用的单元格无误，需要对公式进行审核，然后显示其引用单元格的位置，具体操作如下。

（1）选择E3:E15单元格区域，在编辑栏中输入公式"=F3*G3"，如图7-34所示。

微课视频

应用并审核公式

图7-34　输入公式

（2）按【Ctrl+Enter】组合键，快速填充公式到所选单元格区域中，如图7-35所示。

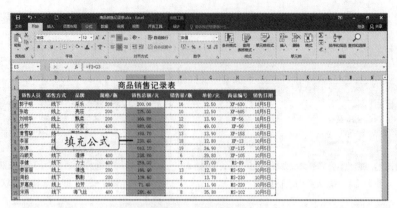

图7-35　快速填充公式

（3）在【公式】/【公式审核】组中单击"错误检查"按钮 ，打开提示对话框，未检查到错误，单击 确定 按钮，如图7-36所示。

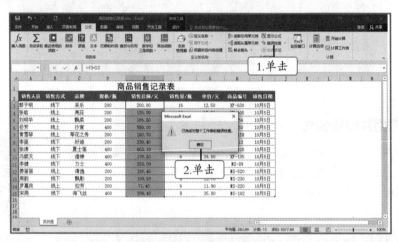

图7-36　审核表格中的公式

（4）选择E3单元格，在【公式】/【公式审核】组中单击"追踪引用单元格"按钮 ，此时通过蓝色箭头和蓝色边框显示该单元格中公式引用的单元格区域，如图7-37所示。

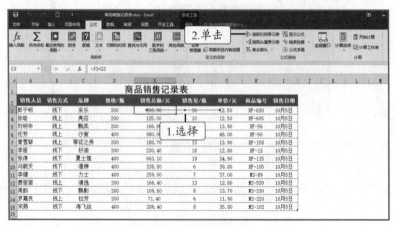

图7-37　追踪引用单元格

操作提示　　　　　　　　　　　移去追踪箭头

　　不管是追踪引用单元格还是从属单元格，表格中都会显示相应的蓝色箭头，该箭头可以删除，具体操作方法为：在【公式】/【公式审核】组中单击"移去箭头"按钮，即可将表格中的蓝色箭头删除。

（三）排列数据记录

　　检查表格中的公式无误后，下面对表格中的数据记录进行排序，包括按姓名笔画排序、调整项目的显示顺序，具体操作如下。

　　（1）选择E3:E15单元格区域，按【Ctrl+C】组合键，复制所选单元格区域的数据。在【开始】/【剪贴板】组中单击"粘贴"按钮下方的下拉按钮，在弹出的下拉列表中选择"粘贴数值"栏中的"值"选项，如图7-38所示。

微课视频

排列数据记录

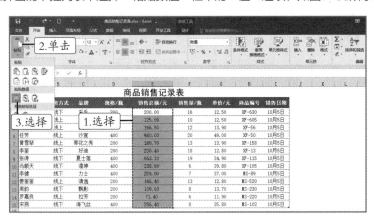

图7-38　将公式转换为数值

　　（2）将所选单元格区域的公式转换为值。选择D3单元格，在【数据】/【排序】组中单击"排序"按钮，如图7-39所示。

图7-39　选择单元格并单击"排序"按钮

（3）打开"排序"对话框，在"主要关键字"下拉列表中选择"销售人员"选项，单击 选项(O)... 按钮，在打开的"排序选项"对话框中选中"方法"栏中的"笔划排序"单选项，如图7-40所示，依次单击 确定 按钮关闭对话框。

（4）返回工作表中，此时数据按照"销售人员"列中姓名笔画的多少降序排列，如图7-41所示。

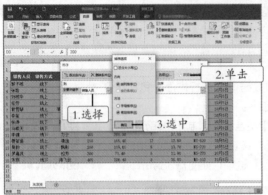

图7-40 设置排序条件（1）

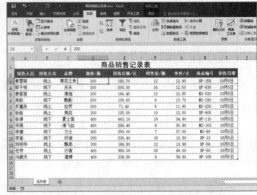

图7-41 按笔画排序结果

（5）在A16:I16单元格区域中输入排序依据的数据，如图7-42所示。

（6）选择A2:I16单元格区域，打开"排序"对话框，单击 选项(O)... 按钮，打开"排序选项"对话框，在"方向"栏中选中"按行排序"单选项，单击 确定 按钮，如图7-43所示。

（7）返回"排序"对话框，在"主要关键字"下拉列表中选择"行16"选项，在"次序"下拉列表中选择"升序"选项，单击 确定 按钮，如图7-44所示。

（8）此时，工作表中的数据按照设置的排序条件排列，确认无误后删除无用的排序依据数据，并适当调整列宽，如图7-45所示（效果所在位置：效果文件\项目七\任务二\商品销售记录表.xlsx）。

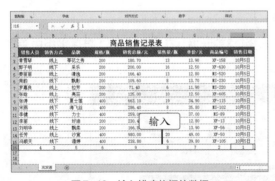

图7-42 输入排序依据的数据

图7-43 设置排序方向

知识补充   **将套用样式的表格转换为区域**

为了提高编辑效率，采用套用表格样式的方式来美化工作表是常用的操作。需要注意的是，如果要对套用样式后的表格按行排序，则需要先将表格转换为区域，否则该功能无法使用。将套用样式的表格转换为区域的具体操作方法为：选择套用表格样式的单元格区域，在【表格工具 设计】/【工具】组中单击"转换为区域"按钮 ，在打开的提示对话框中单击 是(Y) 按钮，即可将表格转换为区域。

图7-44 设置排序条件（2）　　　　　　　图7-45 按行排序效果

任务三 制作商品销售报表

销售报表不同于一般的销售数据统计或汇总表，它用于对销售数据进行有目的地分析，有利于企业根据分析的结果适时调整销售方案或策略，以提高销售业绩。

一、任务目标

为了进一步检验米拉使用Excel 2016分析数据的能力，老洪要求米拉利用分析工具库中的工具分析商品销售报表中的数据。完成本任务需用到方差分析工具、描述统计工具、直方图工具。本任务完成后的最终效果如图7-46所示。

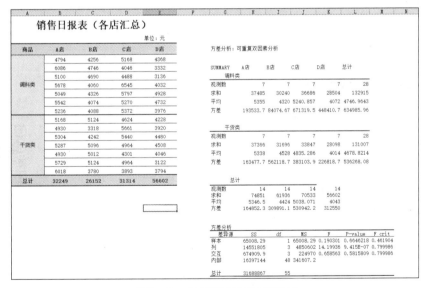

图7-46 商品销售报表的最终效果

二、相关知识

Excel 2016提供了大量的数据分析工具，下面讲解如何加载分析工具库，并重点介绍方差分析工具的使用方法。

（一）加载分析工具库

Excel 2016提供的各种数据分析和统计工具均整合在分析工具库中，要想使用这些工具，需要先将其加载到Excel 2016工作界面中，具体操作方法为：选择【文件】/【选项】命令，打开"Excel 选项"对话框，在"加载项"选项卡右侧的列表框中单击 转到(G) 按钮；打开"加载宏"对话框，在"可用加载宏"列表框中勾选"分析工具库"复选框，单击 确定 按钮，如图7-47所示。此后便可在【数据】/【分析】组中单击"数据分析"按钮 来使用需要的数据分析和统计工具。

图7-47　加载分析工具库

（二）方差分析工具

方差分析可以用来检验多个平均值之间差异的显著性，当需要分析表格中多个数据的平均值有无显著差异时，可以使用Excel 2016提供的方差分析工具。Excel 2016提供了单因素方差分析、可重复双因素分析、无重复双因素分析3种分析工具，其作用如下。

- **单因素方差分析：** 可以对两个或更多样本的平均值进行简单的方差分析，其中 α（显著性水平）一般为"0.05"，即95%的置信度；如果单因素方差分析中得出的P-value值小于0.05，则表示平均值之间有显著差异。

- **可重复双因素分析：** 可以对多个样本的平均值进行复杂的方差分析，包括样本中有交互作用的情况；同时可重复双因素分析的每个样本都必须包含相同数目的行，即在选择"输入区域"时，需考虑工作表中行和列的分组状况。

- **无重复双因素分析：** 可以同时分析两个样本平均值对因变量的影响，但每组数据只包含一个样本。

三、任务实施

（一）创建销售数据汇总表

创建各工作表中的商品销售数据，并将其汇总到另一表格中，具体操作如下。

（1）启动Excel 2016，新建空白工作簿并将其保存为"商品销售报表.xlsx"，然后创建4个新的工作表，并将工作表重命名为图7-48所示的名称。

（2）切换到"A店"工作表，输入表格标题、项目、数据记录并进行适当美化，如图7-49所示。

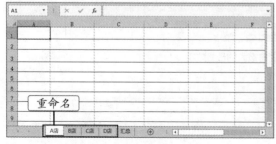

图7-48　保存并设置工作簿

图7-49　输入数据并美化表格

（3）利用SUM函数对每个销售时段的销售金额进行求和，如图7-50所示。

（4）按相同的思路和方法制作B店、C店、D店的销售日报表，如图7-51所示。

图7-50　利用函数计算各时段的销售金额

图7-51　创建其他店铺的销售日报表

（5）切换到"汇总"工作表，将液体类商品和食盐归为"调料类"，将剩余商品归为"干货类"。按此方法创建汇总表框架，并适当美化表格，如图7-52所示。

（6）通过公式引用其他工作表中各店对应的商品销售总额，如图7-53所示。

图7-52　创建销售数据汇总表　　　　图7-53　引用其他工作表中的数据

（二）利用方差分析工具分析影响销售的因素

下面使用3种方差分析工具分析"A店""B店""汇总"工作表中的销售数据，以分析影响销售的因素，具体操作如下。

微课视频

利用方差分析工具分析影响销售的因素

（1）切换到"A店"工作表，在【数据】/【分析】组中单击"数据分析"按钮，打开"数据分析"对话框，在"分析工具"列表框中选择"方差分析：单因素方差分析"选项，单击 确定 按钮，如图7-54所示。

（2）打开"方差分析：单因素方差分析"对话框，将输入区域设置为"$B$4:$E$17"，在"分组方式"栏中选中"行"单选项，并勾选"标志位于第一列"复选框。

（3）在该对话框的"输出选项"栏中选中"输出区域"单选项，在其右侧的文本框中输入"$H$3"，如图7-55所示，单击 确定 按钮。

（4）此时得到方差分析的结果，对比方差分析区域中的P-value值与设置的α值（0.05）的关系，由于P-value值大于0.05，因此得知A店的商品销售时段对销量没有显著影响，如图7-56所示。

（5）切换到"B店"工作表，打开"数据分析"对话框，在列表框中选择"方差分析：无重复双因素分析"选项，单击 确定 按钮，如图7-57所示。

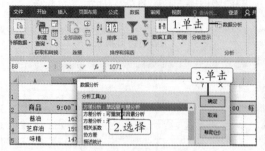

图7-54　选择分析工具

图7-55　设置分析参数（1）

图7-56　分析结果（1）

图7-57　选择分析工具

（6）打开"方差分析：无重复双因素分析"对话框，将输入区域设置为"$B$3:$E$17"，勾选"标志"复选框，将α值设置为"0.5"；在"输出选项"栏中选中"输出区域"单选项，在其右侧的文本框中输入"$H$3"，单击 确定 按钮，如图7-58所示。

（7）此时得到方差分析的数据结果，在方差分析区域查看行、列对应的P-value值，它们均远小于设置的α值（0.5），因此得知B店的商品种类和销售时段对销量有显著影响，如图7-59所示。

图7-58　设置分析参数（2）

图7-59　分析结果（2）

（8）切换到"汇总"工作表，打开"数据分析"对话框，在列表框中选择"方差分析：可重复双因素分析"选项，单击 确定 按钮。

（9）打开"方差分析：可重复双因素分析"对话框，将输入区域设置为"$A$3:$E$17"，在"每一样本的行数"文本框中输入"7"，在"输出选项"栏中选中"输出区域"单选项，在其右侧的文本框中输入"$G$3"，单击 确定 按钮，如图7-60所示。

（10）此时得到方差分析的数据结果，在方差分析区域查看样本、列和交互对应的P-value值，它们均远大于设置的α值（0.5）。因此可以得到不同店铺、不同商品种类、店铺和商品种类的交互作用均不会对销量产生显著影响，如图7-61所示。

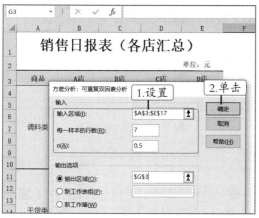

图7-60　设置分析参数（3）

图7-61　查看分析结果

（三）描述统计样本数据平均值

描述统计工具主要用于分析输入区域中数据的单变量，提供样本数据分布区间、标准差等相关信息。下面在"C店"工作表中使用描述统计工具分析销量的平均值、区间和销量差异的量化标准等信息，具体操作如下。

（1）切换到"C店"工作表，打开"数据分析"对话框，在列表框中选择"描述统计"选项，单击 确定 按钮，如图7-62所示。

（2）打开"描述统计"对话框，将输入区域设置为"$B$4:$E$17"，在"分组方式"栏中选中"逐列"单选项，勾选"标志位于第一行"复选框，如图7-63所示。

微课视频

描述统计样本数据
平均值

图7-62　选择分析工具

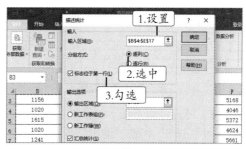

图7-63　设置输入参数

（3）在该对话框的"输出选项"栏中选中"输出区域"单选项，在其右侧的文本框中输入"$H$3"。勾选"汇总统计"复选框，并将第K大值和第K小值均设置为"2"，单击 确定 按钮，如图7-64所示。

（4）此时得到描述统计的数据结果，在其中可以查看各时段销量的平均值、方差、峰度、偏度、最大值、最小值、求和等数据，如图7-65所示。

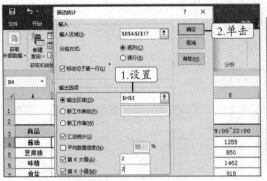

图7-64　设置输出选项参数

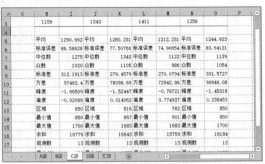

图7-65　描述统计结果

（四）使用直方图分析数据重复次数

直方图工具可以用于分析输入区域和接收区域的单个和累积频率，还可以用于统计引用单元格区域中某个数值重复出现的次数。下面使用直方图工具分析"D店"工作表中各销量数据的重复次数和频率，具体操作如下。

（1）切换到"D店"工作表，在G3:G8单元格区域中输入"销量分段"及销量分段的具体数据，如图7-66所示。

（2）在【数据】/【分析】组中单击"数据分析"按钮，打开"数据分析"对话框，在列表框中选择"直方图"选项，单击 确定 按钮，如图7-67所示。

微课视频

使用直方图分析数据重复次数

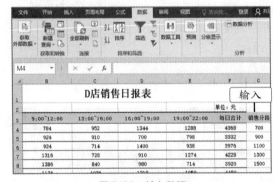

图7-66　输入数据

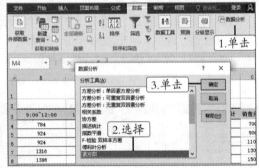

图7-67　选择分析工具

（3）打开"直方图"对话框，将输入区域设置为"$B$4:$B$17"，将接收区域设置为"$G$3:$G$8"，在"输出选项"栏中选中"输出区域"单选项，在其右侧的文本框中输入"$I$4"，勾选"累积百分率"和"图表输出"复选框，单击 确定 按钮，如图7-68所示。

（4）此时显示出直方图数据结果和图表结果，包括不同销量范围中销售数据出现的频率、累积百分比等结果，如图7-69所示。

知识补充　　　　　　指数平滑分析工具

使用指数平滑分析工具能够根据前期预测值导出新预测值，并修正前期预测值的误差，通过给予时间序列数据加权平滑获得数据的变化规律与趋势。此工具会使用平滑常数 a，a 的大小决定了本次预测对前期预测误差的反馈程度。

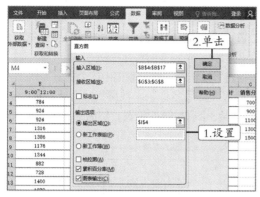

图7-68　设置参数

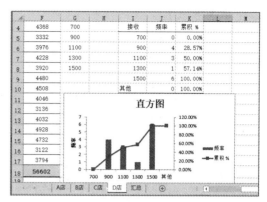

图7-69　分析结果

实训一　制作商品进货汇总表

【实训要求】

完成本实训需要熟练掌握使用与审核公式、利用切片器筛选数据的操作方法。本实训完成后的最终效果如图7-70所示（效果所在位置：效果文件\项目七\实训一\商品进货汇总表.xlsx）。

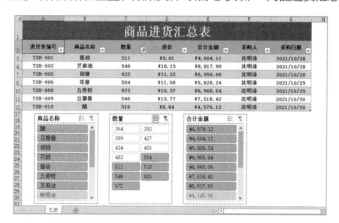

图7-70　商品进货汇总表的最终效果

【实训思路】

完成本实训需要先利用公式计算出合计金额，然后检查公式并查看引用从属单元格，最后创建切片器并筛选出进货数量大于500的数据，其操作思路如图7-71所示。

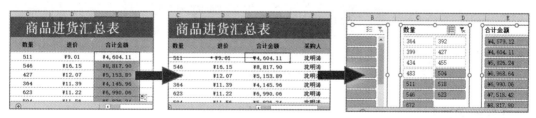

① 计算合计金额　　　　② 检查公式后查看引用从属单元格　　　　③ 使用切片器筛选数据

图7-71　制作商品进货汇总表的思路

【步骤提示】

（1）打开"商品进货汇总表"（素材所在位置：素材文件\项目七\实训一\商品进货汇总表.xlsx）工作簿，利用公式"=数量*进价"计算商品的合计金额。

（2）单击【公式】/【公式审核】组中的"错误检查"按钮，检查表格中的公式。

（3）将A2:G17单元格区域转换为智能表后，插入"商品名称""数量""合计金额"3个切片器，将其中的"数量"切片器的列设置为两列，调整3个切片器的位置，然后筛选出数量大于500的数据。

实训二 制作销售额汇总表

【实训要求】

完成本实训需要利用数据分析工具分析2021年上半年的销售额。本实训完成后的最终效果如图7-72所示（效果所在位置：效果文件\项目六\实训二\销售额汇总表.xlsx）。

图7-72 销售额汇总表的最终效果

【实训思路】

完成本实训需要先输入数据并加载数据分析工具到"数据"选项卡中，然后利用方差分析工具对C4:H12单元格区域中的数据进行单因素方差分析和无重复双因素方差分析，其操作思路如图7-73所示。

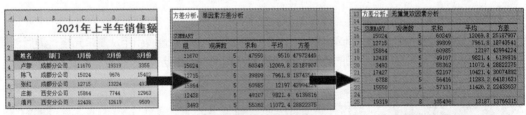

① 输入数据并美化表格　　② 单因素方差分析结果　　③ 无重复双因素分析结果

图7-73 制作销售额汇总表的思路

【步骤提示】

（1）输入销售额汇总表的基础数据，并对表格进行美化设置，包括更改字体和字号、设置单元格填充颜色、调整行高和列宽等。

（2）加载数据分析工具，打开"方差分析：单因素方差分析"对话框，在其中设置输入区域、分组方式、输出区域等。

（3）打开"方差分析：无重复双因素分析"对话框，在其中设置输入区域、标志、输出区域等。

常见疑难问题解答

问：能不能通过公式审核的方法检查出引用了空单元格的公式？

答：可以。打开"Excel 选项"对话框，在左侧的列表框中单击"公式"选项卡，在右侧列表框的"错误检查规则"栏中勾选"引用空单元格的公式"复选框并确认设置，然后进行公式审核操作即可。

问：为什么按行排序时不能得到想要的效果，项目位置要么不发生变化，要么不按预期的顺序排列？

答：出现这种情况的原因有多种，如排序依据出现问题、排序方式出错等。使用按行排序的方法其实很简单，只要按照以下几点操作就能实现：首先在需要进行排序的项目下方输入数据，数据大小决定项目位置，然后选择这些数据、项目，以及项目下方包含的所有数据，接着执行按行排序操作，并在"主要关键字"栏中选择输入数据所在的行即可。

拓展知识

1. 按字体颜色或单元格颜色筛选

如果在表格中设置了单元格填充颜色或字体颜色，则可以针对这些颜色执行筛选操作，具体操作方法为：在【数据】/【排序和筛选】组中单击"筛选"按钮 ▼，单击设置了字体颜色或单元格填充颜色字段右侧的下拉按钮 ▼，在弹出的下拉列表中选择"按颜色筛选"选项，在弹出的子列表中选择指定的颜色并筛选出对应的数据，如图7-74所示。

图7-74　按单元格填充颜色筛选数据

2. 按字符数量排序

按字符数量排序是为了使数据最终呈现符合用户的观看习惯，在制作某些表格时需要用到这种排序方式，使数据的排列整齐清晰，如在一份图书推荐单中按图书名称字符数量升序排列。按字符数量排序的具体操作方法为：打开要进行排序的工作簿，先利用LEN函数返回图书名称包含的字符数量，如在E2单元格中输入函数"=LEN(A2)"，按【Enter】键；然后拖曳填充柄复制函数到

E3:E11单元格区域，最后单击【数据】/【排序和筛选】组中的"升序"按钮，对返回字符数量所在列的数据进行升序排列，即可按书名的长度从短到长排列数据记录，如图7-75所示。

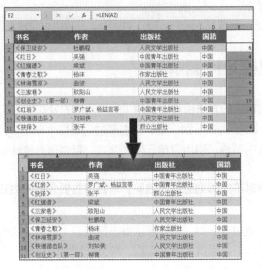

图7-75　按字符数量排序效果

课后练习

练习1：制作产品库存盘点表

打开"产品库存盘点表"（素材所在位置：素材文件\项目七\课后练习\产品库存盘点表.xlsx）工作簿，在"盘点"工作表中利用公式计算月末库存数。在C21单元格中插入柱形迷你图，数据区域为C3:C20，在【迷你图工具 设计】/【样式】组中为创建的迷你图应用预设样式。复制迷你图至D21:F21单元格区域，如图7-76所示（效果所在位置：效果文件\项目七\课后练习\产品库存盘点统计表.xlsx）。

产品名称	规格	月初库存量	入库数量	出库数量	月末库存数
150mm冷水管	5L	476	1190	1190	476
151mm冷水管	5L	392	1136	1082	446
152mm冷水管	5L	350	1170	1173	347
153mm冷水管	5L	686	1168	1133	721
154mm冷水管	5L	630	1113	1177	566
155mm冷水管	18L	700	1169	1188	681
156mm冷水管	18kg	441	1124	1127	438
157mm冷水管	150kg	469	1119	1220	368
158mm冷水管	20kg	518	1100	1148	470
159mm冷水管	20kg	448	1150	1067	531
160mm冷水管	20kg	525	1208	1208	525
161mm冷水管	20kg	518	1206	1207	517
162mm冷水管	20kg	497	1201	1138	560
163mm冷水管	20kg	630	1076	1186	520
164mm冷水管	40kg	518	1152	1109	561
165mm冷水管	40kg	672	1154	1238	588
166mm冷水管	40kg	476	1115	1115	476
167mm冷水管	40kg	490	1197	1130	557
分析库存数据					

图7-76　产品库存盘点统计表的最终效果

练习2：制作坚果销量表

利用Excel 2016制作坚果销量表，在制作过程中涉及的知识点包括公式错误检查、插入数据透视表、创建"销售人员"和"销量评定"切片器、美化切片器和减小切片器的高度等。完成后的最终效果如图7-77所示（效果所在位置：效果文件\项目七\课后练习\坚果销量表.xlsx）。

图7-77　坚果销量表的最终效果

项目八
生产控制

情景导入

老洪："米拉，Excel 2016除了可以应用于各个进销存环节，还可以应用于生产控制。"

米拉："真的吗？那你快给我讲讲吧。"

老洪："好的，趁午休时间，我们就一起来学习。不管任何企业，成本始终是管理者最关心的问题之一，那么，如何制订一套使企业成本最小的方案呢？比较简单的方法是利用Excel 2016的规划求解功能。"

米拉："应该很复杂吧？"

老洪："听起来复杂，但只要理解其含义，使用起来还是很简单的。我这里有一个使用该功能制作的表格，我们一起来看看其制作原理吧。"

学习目标

- 熟悉规划求解的含义与应用范围。
- 熟悉单变量求解和双变量求解的含义。

技能目标

- 能够使用规划求解功能计算表格数据。
- 能够进行单变量求解操作。

素质目标

树立匠心精神，让学生拥有"沉"和"潜"的气质，怀抱梦想、脚踏实地。

任务一 制作最低成本规划表

企业在落实生产之前，会核算订单的相关费用，包括成本、费用、利润等。通过精确的核算，管理者可以知道生产时各方面的控制条件，以便尽可能地降低成本并增加利润。因为最终的计算结果会对企业生产经营产生直接影响，因此一定要保证数据来源的真实性，不能随意编造，以免产生错误的结果。

一、任务目标

经过老洪的指点，米拉现在对企业生产成本的计算应对自如。目前，公司接到一批订单，在落实生产前，需要核算生产成本，力求以最低的成本取得最高的收益。此次生产成本核算的任务将由米拉来完成。老洪告诉米拉，在核算生产成本时一定要用好Excel 2016的规划求解功能，以确保任务顺利完成。本任务完成后的最终效果如图8-1所示。

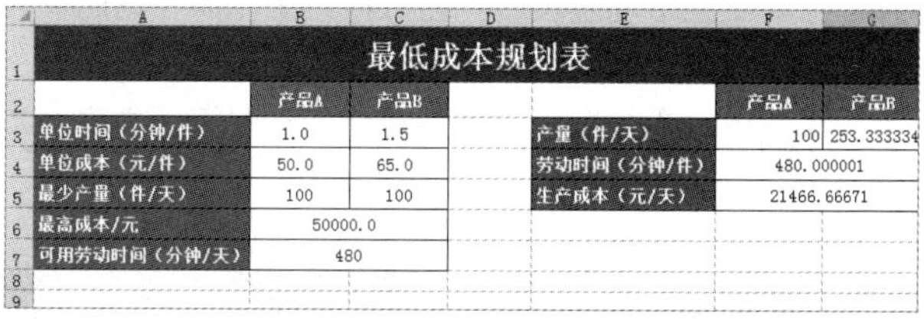

	A	B	C	D	E	F	G
1	最低成本规划表						
2		产品A	产品B			产品A	产品B
3	单位时间（分钟/件）	1.0	1.5		产量（件/天）	100	253.333334
4	单位成本（元/件）	50.0	65.0		劳动时间（分钟/件）	480.000001	
5	最少产量（件/天）	100	100		生产成本（元/天）	21466.66671	
6	最高成本/元	50000.0					
7	可用劳动时间（分钟/天）	480					
8							
9							

图8-1　最低成本规划表的最终效果

二、相关知识

核算生产成本时需要利用Excel 2016的规划求解功能，下面简单介绍规划求解的相关知识。

（一）规划求解的应用条件

规划求解是Excel 2016中的一个加载宏，用它可以计算出某个单元格（称为目标单元格）中公式的最佳值。规划求解功能通过调整指定的可更改单元格（称为可变单元格）中的值，从目标单元格公式中求得所需结果。

在创建模型过程中，用户可以对规划求解模型中的可变单元格数值应用约束条件。通过将约束条件应用于可变单元格、目标单元格或其他与目标单元格直接或间接相关的单元格，控制最佳值的求解范围。因此，在使用规划求解功能时，需要确定可变单元格、约束条件单元格、目标单元格，图8-2所示为这些单元格的作用和含义。

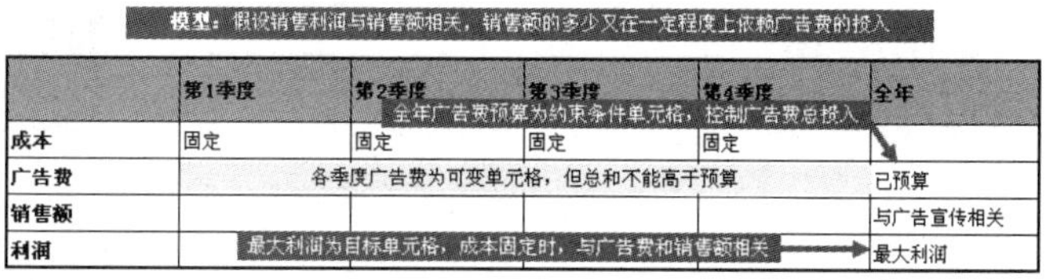

图8-2　可变单元格、约束条件单元格和目标单元格的作用和含义

（二）规划求解的应用范围

规划求解是Excel 2016中非常有用的工具，该工具不仅可以用来解决运筹学、线性规划等问

题，还可以用来求解线性方程组及非线性方程组。在实际工作中，使用规划求解解决优化问题较为常见，如财务管理中的最低成本、最大利润、最少运费等优化问题。

- **最低成本：** 在满足产品成分要求的情况下，如何搭配原材料才能使产品生产成本最低。
- **最大利润：** 在生产多种产品时，如何组合各产品生产量才能使利润最大化。
- **最少运费：** 在满足销售需要的量的情况下，怎样组织不同产地和销售地的产品数量才能使运费最少。

三、任务实施

（一）创建规划求解模型

微课视频

创建规划求解模型

在工作簿中创建数据模型需添加单位时间、单位成本、最少产量、最高成本等数据，具体操作如下。

（1）新建工作簿并以"最低成本规划表"为名保存该工作簿，然后输入数据并美化表格，如图8-3所示。

（2）在工作簿中添加需要求解的数据，包括产量、劳动时间、生产成本等，如图8-4所示。

图8-3 添加已知数据

图8-4 添加未知数据

（3）选择F4单元格，在编辑栏中输入公式"=F3*B3+G3*C3"，按【Enter】键确认，如图8-5所示。

（4）选择F5单元格，在编辑栏中输入公式"=F3*B4+G3*C4"，按【Enter】键确认，如图8-6所示。

图8-5 计算劳动时间

图8-6 计算生产成本

（二）加载规划求解功能并计算结果

Excel 2016默认没有加载规划求解功能，因此要使用该功能时需要手动加载后再进行计算。

下面讲解加载规划求解功能并计算结果的方法，具体操作如下。

微课视频

加载规划求解功能并
计算结果

（1）选择【文件】/【选项】命令，打开"Excel 选项"对话框，在左侧列表框中单击"加载项"选项卡，在右侧的列表框中单击 转到(G) 按钮；打开"加载宏"对话框，在列表框中勾选"规划求解加载项"复选框，单击 确定 按钮，如图8-7所示。

（2）此时Excel 2016开始自动加载规划求解功能，在【数据】/【分析】组中单击"规划求解"按钮 ？，如图8-8所示。

图8-7　加载规划求解功能

图8-8　使用规划求解功能

（3）打开"规划求解参数"对话框，将目标单元格设置为"$F$5"（即生产成本对应的单元格），选中"最小值"单选项，如图8-9所示。

（4）将可变单元格设置为"$F$3:$G$3"，单击 添加(A) 按钮添加约束条件，如图8-10所示。

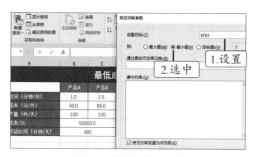

图8-9　设置目标单元格

图8-10　设置可变单元格

（5）打开"添加约束"对话框，设置约束条件为"$F$3>=$B$5"（即产品A的产量不得少于100件），单击 添加(A) 按钮，如图8-11所示。

（6）在"添加约束"对话框中设置约束条件为"$G$3>=$C$5"（即产品B产量不得少于100件），单击 添加(A) 按钮，如图8-12所示。

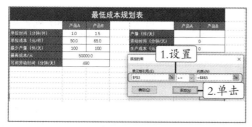

图8-11　约束产品A产量

图8-12　约束产品B产量

（7）设置约束条件为"$F$4=$B$7"（即劳动时间为480分钟/件），单击 添加(A) 按钮，如图8-13所示。

（8）设置约束条件为"$F$5<=$B$6"（即生产成本不得高于50000元/天），单击 确定(O) 按钮，如图8-14所示。

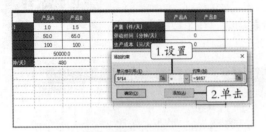

图8-13　约束劳动时间

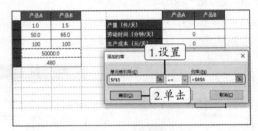

图8-14　约束生产成本

（9）返回"规划求解参数"对话框，单击 求解(S) 按钮，如图8-15所示。

（10）打开"规划求解结果"对话框，其中提示找到结果，且工作表的相应单元格中会同步显示结果数据，单击 确定 按钮，如图8-16所示（效果所在位置：效果文件\项目八\任务一\最低成本规划表.xlsx）。

图8-15　规划求解

图8-16　确认规划求解结果

任务二　制作机器功率测试表

机器功率测试表主要用于记录机器的功率大小和功率因数，在不同的功率下，机器所能创造的价值是不同的，因此，借助机器功率测试表，可以帮助生产管理人员合理安排生产。

一、任务目标

老洪需要测试工厂最近引进的一批新机器，调试其最佳功率来达到最大产量。米拉被安排到老洪身边帮忙，米拉也很珍惜此次学习机会。在老洪的帮助下，米拉成功完成了机器功率测试表的制作，并通过该任务学会了模拟运算的相关操作。本任务完成后的最终效果如图8-17所示。

图8-17 机器功率测试表的最终效果

二、相关知识

当一个或两个数据发生变化时，可利用Excel 2016的模拟运算功能计算与变化数据有关联的数据，即单变量求解和双变量求解。下面简单介绍模拟运算的单变量求解和双变量求解知识。

（一）单变量求解

单变量求解在只有一个相关数据发生变化的情况下使用。执行单变量求解的方法为：先创建数据之间的关系，然后输入某个变化数据的变化范围，最后利用模拟运算功能引用变化的数据并计算。

（二）双变量求解

双变量求解在有两个相关数据同时发生变化的情况下使用。其使用方法与单变量求解类似，关键要创建出数据与变量之间的关系，然后依次输入两个变量的变化范围，并利用模拟运算功能引用这两个变量并计算。

三、任务实施

（一）创建数据域变量的关系

下面通过公式创建机器功率与产量之间的关系，具体操作如下。

（1）新建并保存工作簿"机器功率测试表.xlsx"，在A1:D3单元格区域输入相关数据并美化单元格，其中数据包括机器的功率、工作时间、单位成本、产量等，如图8-18所示。

（2）在D3单元格中输入公式"=A3*B3/3.5-C3*B3*8"，建立产量与功率之间的关系，如图8-19所示。

微课视频

创建数据域变量的关系

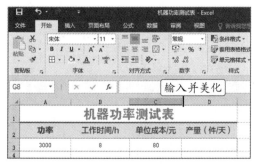

图8-18 输入数据并美化单元格

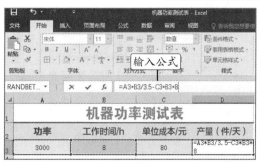

图8-19 输入公式

（二）通过模拟运算表计算产量

微课视频

模拟运算表计算产量

下面通过模拟运算表实现在功率变化的情况下，自动计算其对应的产量，具体操作如下。

（1）在A5:B5单元格区域输入数据并美化表格，如图8-20所示。

（2）在B6单元格中输入公式"=A3*B3/3.5-C3*B3*8"，如图8-21所示。

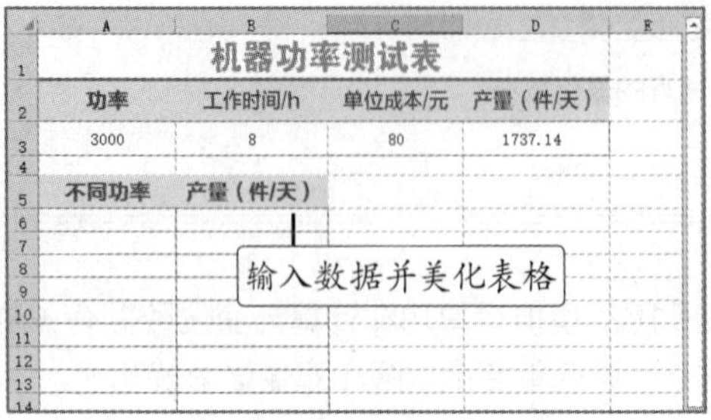

图8-20 输入数据并美化表格

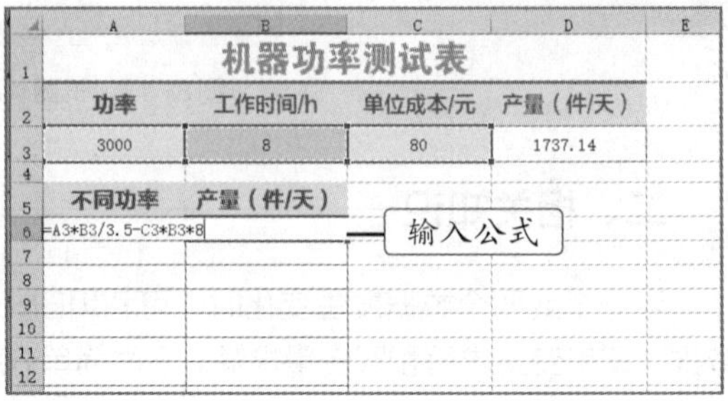

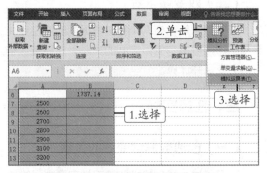

图8-21 输入公式

（3）在A7:A16单元格区域输入不同的功率数据，如图8-22所示。

（4）选择A6:B16单元格区域，在【数据】/【预测】组中单击"模拟分析"按钮，在弹出的下拉列表中选择"模拟运算表"选项，如图8-23所示。

图8-22 输入数据

图8-23 选择"模拟运算表"选项

（5）打开"模拟运算表"对话框，在"输入引用列的单元格"文本框中输入功率所在的单元格"$A$3"，单击 确定 按钮，如图8-24所示。

（6）此时B6:B16单元格区域自动模拟运算出相应机器功率下的产量，如图8-25所示（效果所在位置：效果文件\项目八\任务二\机器功率测试表.xlsx）。

图8-24 设置参数

图8-25 查看模拟运算结果

知识补充 　　　　　　　　　　　**单变量求解工具**

　　单变量求解工具是根据提供的目标值，不断调整引用单元格的值，直至达到需要的目标值时，变量的值才确定的运算工具。假设职工的年终奖金是全年销售额的10%，前三个季度的销售额已经知道，那么，该职工想知道第四季度的销售额为多少才能保证年终奖金为10000元时，就可以借助单变量求解工具进行计算，计算过程如图8-26所示。

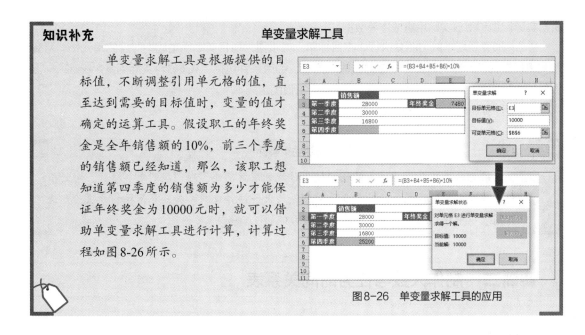

图8-26　单变量求解工具的应用

实训一　制作原材料最小用量规划表

【实训要求】

　　完成本实训需要熟练使用Excel 2016的规划求解功能。本实训完成后的最终效果如图8-27所示（效果所在位置：效果文件\项目八\实训一\原材料最小用量规划表.xlsx）。

	A材料	B材料
原材料最小用量规划表		
成本/元	20.0	35.0
每日最少用量/公斤	200.0	100.0
每日固定成本/元	20000.0	
各原材料实际用量/公斤	353.8	369.2
每日实际用量成本/元	20000.0	

图8-27　原材料最小用量规划表的最终效果

【实训思路】

　　完成本实训首先应确定目标单元格、可变单元格、约束条件单元格，然后在工作表中创建数据模型，最后利用规划求解功能计算数据，其操作思路如图8-28所示。

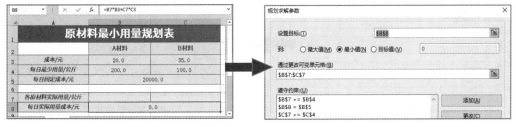

①建立数据模型　　　　　　　　　　　②设置规划求解参数

图8-28　制作原材料最小用量规划表的思路

【步骤提示】

　　（1）新建工作簿并保存，在其中添加各原材料的成本、每日最少用量、每日固定成本、各原材料实际用量和每日实际用量成本等数据。

（2）加载规划求解功能并执行，将目标单元格设置为每日实际用量成本对应的单元格，可变单元格设置为两种原材料实际用量对应的单元格。约束条件包括“A原材料实际用量>=200”“B原材料实际用量>=100”“每日实际用量成本=每日固定成本”。

（3）计算规划求解结果并保存工作簿。

操作提示　　删除约束条件

在同一个工作表中，如果已经使用过规划求解功能，则“规划求解参数”对话框中会保留之前的设置，此时需要手动删除约束条件并重新添加，具体操作方法为：选择列表框中相应的约束条件选项，单击右侧的 删除(D) 按钮。

实训二　制作人数与任务时间关系表

【实训要求】

完成本实训需要使用Excel 2016中模拟运算的双变量求解功能，通过不同的工人数量和成本得到不同的任务完成时间，并从中找到需要的数据。本实训完成后的最终效果如图8-29所示（效果所在位置：效果文件\项目八\实训二\人数与任务时间关系表.xlsx）。

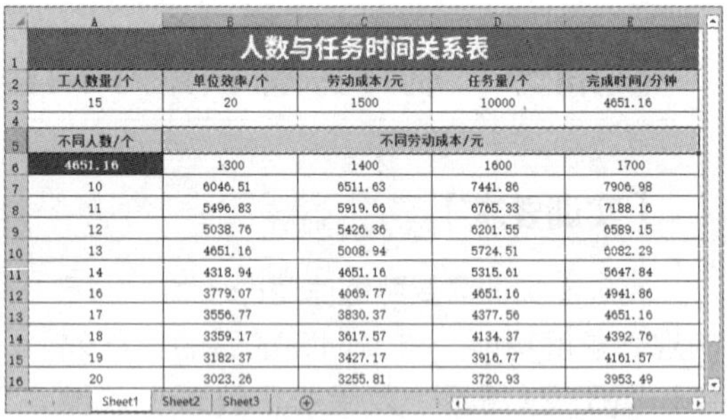

人数与任务时间关系表				
工人数量/个	单位效率/个	劳动成本/元	任务量/个	完成时间/分钟
15	20	1500	10000	4651.16
不同人数/个	不同劳动成本/元			
4651.16	1300	1400	1600	1700
10	6046.51	6511.63	7441.86	7906.98
11	5496.83	5919.66	6765.33	7188.16
12	5038.76	5426.36	6201.55	6589.15
13	4651.16	5008.94	5724.51	6082.29
14	4318.94	4651.16	5315.61	5647.84
16	3779.07	4069.77	4651.16	4941.86
17	3556.77	3830.37	4377.56	4651.16
18	3359.17	3617.57	4134.37	4392.76
19	3182.37	3427.17	3916.77	4161.57
20	3023.26	3255.81	3720.93	3953.49

图8-29　人数与任务时间关系表的最终效果

【实训思路】

完成本实训首先应创建出工人数量、劳动成本、完成时间之间的关系，然后创建出双变量的变动范围数据，最后利用模拟运算表计算。其操作思路如图8-30所示。

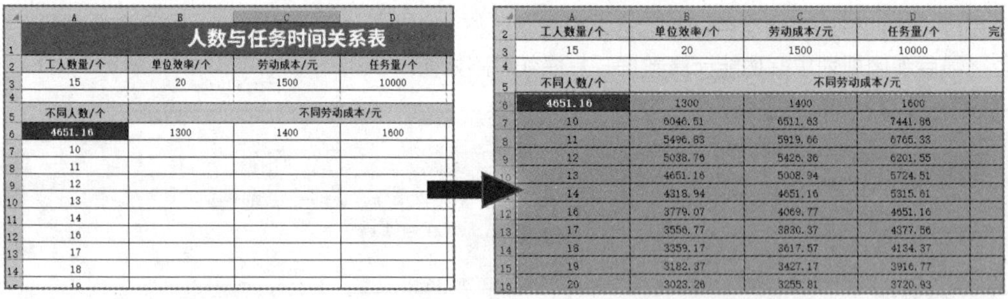

① 创建数据关系　　② 双变量求解计算

图8-30　制作人数与任务时间关系表的思路

【步骤提示】

（1）新建并保存工作簿，在其中输入工人数量、单位效率、劳动成本、任务量等基础数据。

（2）使用公式“=D3/(A3*B3)*C3/10.75”建立完成时间与其他数据之间的关系。

（3）创建不同人数和不同劳动成本的变动数据，并在A6单元格中利用公式"=D3/(A3*B3)*C3/10.75"计算完成时间。

（4）选择相应的单元格区域，执行模拟运算表功能，行对应的单元格引用劳动成本对应的单元格，列对应的单元格引用工人数量对应的单元格。

常见疑难问题解答

问：为什么规划求解得到的数据明显是错误的，如为负值，或数值很大？

答：遇到这种情况，请检查创建的规划求解模型是否正确与合理，包括各种基础数据、公式等对象。一般来讲，如果可以得到正确结果，则"规划求解结果"对话框会提示找到唯一的解，否则会提示未找到合理的答案等相关信息。

问：如何判断模拟运算表中需要引用的是行单元格还是列单元格？

答：如果变量数据所在的单元格区域按列排序，则表示需要引用的是列单元格；如果是按行排序，则表示需要引用的是行单元格。

拓展知识

1. 规划求解方法

在【数据】/【分析】组中单击"规划求解"按钮 ?→，打开"规划求解参数"对话框，在其中有3种求解方法供选择，分别为非线性GRG、单纯线性规划、演化。其中，非线性GRG用于解决光滑非线性规划求解问题，单纯线性规划用于解决线性规划求解问题，演化用于解决非光滑规划求解问题。

2. 保存规划求解模型

在"规划求解参数"对话框中单击 载入/保存(L) 按钮，为模型输入单元格区域，单击 保存(S) 按钮。在保存模型时，输入对要在其中放置问题模型的垂直空白单元格区域中第一个单元格的引用。

通过保存工作簿，可以将在"规划求解参数"对话框中最后选择的内容随工作表一起保存。工作簿中的每个工作表可以拥有自己的规划求解选择，并且所有选择都会被保存。

3. 回归分析工具

回归分析是因果预测法中最常用的方法之一，所谓因果预测法，是通过成本与其相关的内在联系，建立数学模型并进行分析预测的各种方法。回归分析工具的使用方法很简单，首先将分析工具库加载到Excel 2016中，然后在【数据】/【分析】组中单击"数据分析"按钮 ，在打开的"数据分析"对话框中选择"回归"选项，单击 确定 按钮；在打开的"回归"对话框进行相关参数设置，如图8-31所示，最后单击 确定 按钮即可完成数据的回归分析操作。

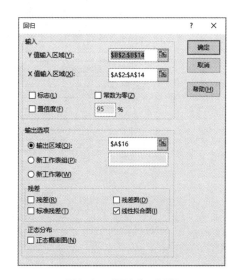

图8-31 "回归"对话框

课后练习

练习1：制作最大利润规划表

已知两种产品的材料耗用量、现有原材料汇总量等，请规划出如何安排生产才能将产品利润最大化。使用规划求解功能计算，其中，目标单元格为利润最大化对应的单元格；可变单元格为两种产品数量对应的单元格；甲材料消耗量要小于甲材料总量、乙材料消耗量要小于乙材料总量、丙材料消耗量要小于丙材料总量。最终效果如图8-32所示（效果所在位置：效果文件\项目八\课后练习\最大利润规划表.xlsx）。

最大利润规划表						
	甲材料	乙材料	丙材料		A产品	B产品
A产品材料消耗量/kg	50.0	60.0	80.0	产品数量/件	25	62.5
B产品材料消耗量/kg	30.0	80.0	40.0			
原材料总消耗量/kg	200.0	300.0	75.0	利润最大化/万元	212.5	
现有原材料汇总/kg	200	300	400			

图8-32　最大利润规划表最终效果

练习2：制作产品入库测试表

利用Excel 2016制作产品入库测试表，已知产品规格、不同码放标准、仓库空间，请测试在不同码放标准下产品入库的码放数量。制作该表格涉及的知识点包括码放数量的计算（公式为“=C3/(A3*B3)*100”）、对不同码放标准进行排序、模拟运算表的使用等，完成后的最终效果如图8-33所示（效果所在位置：效果文件\项目八\课后练习\产品入库测试表.xlsx）。

产品入库测试表			
产品规格	码放标准	仓库空间	码放数量/件
30	1.75	1000	1904.76

不同码放标准	码放数量/件
	1904.76
1.25	2666.67
1.5	2222.22
2	1666.67
2.25	1481.48
2.5	1333.33
2.75	1212.12
3	1111.11

图8-33　产品入库测试表的最终效果

项目九
财务报表

情景导入

老洪："米拉，本周三下午两点整将在二楼会议室召开会议，一定要准时参加。"

米李："有什么重要的事情要宣布吗？"

老洪："张经理说是关于财务方面的事情，主要是讨论财务报表的相关事项。你可要认真做好记录，因为会议结束后，相关财务报表的编制工作将由你来完成。"

米拉："好的，我保证完成任务。"

学习目标

- 熟悉宏的使用方法。
- 熟悉单元格的引用和常用查找函数的含义。
- 熟悉使用局域网和修订的方法。

技能目标

- 能够运用宏来创建工作表。
- 能够使用函数核算生产成本。
- 能够在局域网中与他人共享工作簿。

素质目标

培养创新意识和创新能力，实现个人知识、能力和价值观的最优组合。

任务一　制作应收账款明细表

应收账款明细表主要用来记录每位客户的各项赊销、还款等情况。在应收账款明细表中，使用者可以查询自己关心的某笔业务，也可以查看全部业务的现有资金情况。应收账款明细表的主要项目有销售金额、收款金额、欠款金额等。

一、任务目标

公司需要重新整理应收账款明细数据，老洪将制作应收账款明细表的任务交给米拉来完成。与以往不同的是，这次老洪将协助米拉使用Excel 2016提供的宏功能来自动美化表格数据。本任务完成后的最终效果如图9-1所示。

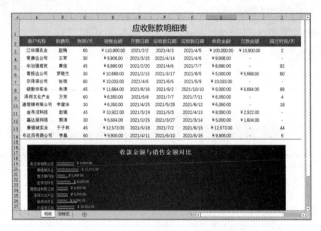

图9-1　应收账款明细表的最终效果

二、相关知识

宏可以帮助用户快速执行重复动作，节约制作表格的时间。下面介绍宏的概念、作用、安全性。

（一）宏的作用

宏由一系列命令和函数组成，存储于Visual Basic模块中，并且可随时调用。如果在工作表中要进行大量的重复性操作，就可以利用宏来自动完成这些任务，以提高工作效率。Excel 2016提供了两种创建宏的方法，即编写代码和记录操作，前者需要用户对编程语言有一定的了解和掌握，后者相对比较简单。

（二）宏的安全性

宏的自动化性质导致其很容易被设置成宏病毒。这类病毒是一种寄存在表格或模板的宏中的计算机病毒。一旦打开表格，其中的宏就会运行，于是宏病毒被激活并转移到计算机上，驻留在Normal模板中，此后所有自动保存的表格都会感染这种宏病毒。如果其他用户打开了感染病毒的文档，则宏病毒又会转移到其他计算机上，从而传播开来。

Excel 2016对可通过宏传播的病毒提供了安全保护，如果使用其他计算机上的宏对象，则无论何时打开包含宏的工作簿，都会先验证宏的来源再运行宏，并可通过数字签名验证其他用户，以保证其他用户为可靠来源。

三、任务实施

（一）输入基本数据

下面创建并保存工作簿，然后对工作表进行整理并输入用于录制和运行宏的各种基本数据，具体操作如下。

（1）新建并保存"应收账款明细表"工作簿，新建一个工作表，并将工作表名称分别更改为"明细"和"宏样式"，然后在"宏样式"工作表中输入图9-2所示的数据，表示待录制的宏对象。

（2）切换到"明细"工作表，隐藏表格的网格线，然后在A1:J14单元格区域输入表格标题、表格的项目、数据记录等内容（素材所在位置：素材文件\项目九\任务一\应收账款明细表.docx）。设置日期数据的格式为短日期，金额数据的格式为货币，如图9-3所示。

图9-2 输入宏样式数据

图9-3 输入表格数据并设置格式

（二）录制并运行宏

下面录制"标题"的宏，先为"宏样式"工作表中的"标题"设置样式，然后为"应收账款明细表"的标题运行录制的宏，具体操作如下。

（1）切换到"宏样式"工作表，选择A1单元格，在【视图】/【宏】组中单击"宏"按钮 下方的下拉按钮 ▼ ，在弹出的下拉列表中选择"录制宏"选项，如图9-4所示。

（2）打开"录制宏"对话框，在"宏名"文本框中输入文本"标题"，在"说明"文本框中输入文本"设置标题格式"，单击 确定 按钮，如图9-5所示。

（3）进入录制宏的状态，将所选单元格格式设置为"Malgun Gothic Semilight，20，居中"，将单元格填充为"白色，背景1，深色5%"。在【视图】/【宏】组中单击"宏"按钮 下方的下拉按钮 ▼ ，在弹出的下拉列表中选择"停止录制"选项，如图9-6所示。

（4）切换到"明细"工作表，选择A1单元格，在【视图】/【宏】组中单击"宏"按钮 下方的下拉按钮 ▼ ，在弹出的下拉列表中选择"查看宏"选项，如图9-7所示。

（5）打开"宏"对话框，在列表框中选择"标题"选项，单击 执行(R) 按钮，如图9-8所示。

（6）此时，所选单元格自动应用录制的宏格式。选择A1:J1单元格区域，将所选区域的格式设置为"合并后居中"，如图9-9所示。

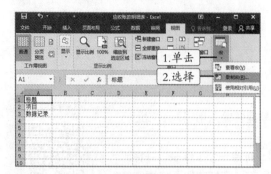

图9-4 选择"录制宏"选项

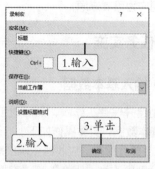

图9-5 设置宏名和说明内容

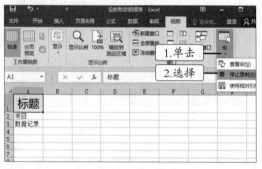

图9-6 选择"停止录制"选项

图9-7 选择"查看宏"选项

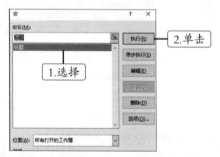

图9-8 运行宏

图9-9 运行宏后的效果

（三）使用快捷键运行宏

微课视频

使用快捷键运行宏

下面录制项目格式的宏并创建快捷键，然后使用该快捷键为"应收账款明细表"的项目区域运行录制的宏，具体操作如下。

（1）切换到"宏样式"工作表，选择A2单元格，打开"录制宏"对话框。设置宏名为"项目"，在"快捷键"文本框中输入字母"H"，在"说明"文本框中输入文本"设置项目格式"，单击 确定 按钮，如图9-10所示。

（2）进入录制宏的状态，将所选单元格格式设置为"Malgun Gothic Semilight；12；居中；水绿色，个性色5，深色25%；白色，背景1"，如图9-11所示。

（3）停止录制宏，切换到"明细"工作表，选择A2:J2单元格区域，按【Ctrl+Shift+H】组合键运行宏，如图9-12所示。

图9-10　设置宏的参数

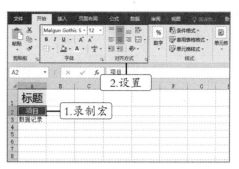

图9-11　录制宏

图9-12　利用快捷键运行宏

（四）编辑宏

下面为表格数据记录录制并编辑宏，然后为应收账款明细表中的数据记录区域运行录制的宏，具体操作如下。

（1）切换到"宏样式"工作表，选择A3单元格，打开"录制宏"对话框。设置宏名为"数据"，在"快捷键"文本框中输入字母"S"，在"说明"文本框中输入文本"设置数据记录格式"，单击 确定 按钮，如图9-13所示。

（2）进入录制宏的状态，将所选单元格格式设置为"等线，上下框线，居中，行高18"，然后停止录制宏，如图9-14所示。

微课视频

编辑宏

图9-13　设置宏参数　　　　　　图9-14　停止录制

（3）切换到"明细"工作表，在【视图】/【宏】组中单击"宏"按钮 下方的下拉按钮 ▼ ，在弹出的下拉列表中选择"查看宏"选项，打开"宏"对话框，在列表框中选择"数据"选项，单击 编辑(E) 按钮，如图9-15所示。

（4）打开代码窗口，将单元格的行高更改为"20"，如图9-16所示。

（5）按【Ctrl+S】组合键保存设置，然后关闭代码窗口。选择工作表中的A3:J14单元格区域，按【Ctrl+Shift+G】组合键运行宏，结果如图9-17所示。

（6）按照相同的操作方法，将"项目"宏的行高设置为"26"。在代码窗口中"End Sub"

代码的上方添加代码"Selection.RowHeight = 26"并保存，然后按【Ctrl+Shift+H】组合键运行宏，结果如图9-18所示。

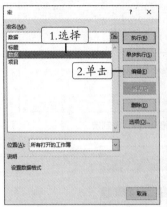

图9-15　选择要编辑的宏　　　　　　　　　　图9-16　编辑宏

图9-17　应用编辑后的"数据"宏　　　　　图9-18　应用编辑后的"项目"宏

知识补充　　　　　　　　　　　　　**宏的编辑**

当需要对录制的某个宏进行编辑时，要打开相应的代码窗口。代码窗口中"=False"内容所在的语句段落表示默认设置，删除它们不仅不会影响宏的内容，还能减小宏的大小，使宏运行的速度更快。

（五）使用图表分析应收账款

微课视频

使用图表分析应收账款

利用宏快速美化表格后，下面通过图表直观地显示应收账款明细，具体操作如下。

（1）自动调整A~J列单元格的列宽，选择"客户名称""销售金额""收款金额"所在列中的数据，在【插入】/【插图】组中单击"插入柱形图或条形图"按钮，在弹出的下拉列表中选择"二维条形图"栏中的"簇状条形图"选项，如图9-19所示。

（2）此时，"明细"工作表中显示插入的簇状条形图，适当调整其大小和位置，效果如图9-20所示。

（3）保持插入图表的选择状态，在【图表工具 设计】/【图表样式】组中的样式列表框中选择"样式7"选项，如图9-21所示。

（4）选择图表中"收款金额"对应的数据系列，在【图形工具 设计】/【图表布局】组中单击"添加图表元素"按钮，在弹出的下拉列表中选择"数据标签"中的"数据标签外"选项，如图9-22所示，按【Ctrl+S】组合键保存工作簿（效果所在位置：效果文件\项目九\任务一\应收账款明细表.xltm）。

图9-19 选择要插入的图表类型

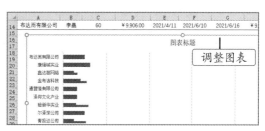

图9-20 调整图表大小和位置

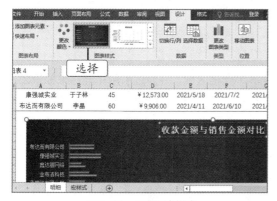

图9-21 设置图表样式

图9-22 添加数据标签

任务二 制作产品成本核算表

产品成本核算是财务管理工作的重要组成部分，是将企业生产经营过程中发生的各种耗费按照一定的规则进行分配和归集，以计算产品成本的一种方法。产品成本核算正确与否将直接影响企业的成本预测、计划、考核等工作，由此可见，制作产品成本核算表很有必要。为了综合反映企业的生产经营管理水平，在编制该表格时应遵循以下4项基本原则。

- **合法性原则：** 是指计入成本的费用都应符合法律法规和企业的相关规定，不合规定的费用不能计入成本。

- **可靠性原则：** 是指表格中提供的成本信息与客观的经济事项一致，不弄虚作假。

- **一致性原则：** 成本核算采用的方法前后各期必须一致，以使各期的成本资料有统一的口径，前后连贯，互相可比。

- **实际成本计价原则：** 生产耗用的原材料、燃料、动力要按实际耗用数量的实际单位成本计算，完工产品成本的计算要按实际发生的成本计算。

一、任务目标

为了真实反映各项成本计划的执行情况，近期公司需要核算和分析各产品的生产成本。老洪建议米拉使用 Excel 2016 进行分析，但米拉在接到老洪传达的任务目标和要求后，不知道该如何着手完成任务。老洪连忙告诉米拉任务的要点，并传授了一些成本计算知识给米拉。三天后，米拉成功地完成了本任务。本任务完成后的最终效果如图 9-23 所示。

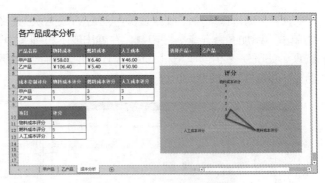

图 9-23 产品成本核算表的效果

二、相关知识

在 Excel 2016 中编辑与分析数据时，为了提高工作效率，除了使用公式和函数外，还可以引用不同工作表或工作簿中的数据。下面简单介绍单元格的引用和常用查找函数的相关知识。

（一）单元格的引用

引用单元格的作用在于标识工作表中的单元格或单元格区域，并通过引用单元格来标识公式中使用的数据地址。这样在创建公式时就可以直接通过引用单元格的方法来快速创建公式并完成计算，提高计算数据的效率。

- **引用不同工作表中的单元格。**在编辑表格的过程中，有时需要调用不同工作表中的数据，此时可以采用引用单元格的方法来快速调用数据。引用不同工作表中单元格的方法为：打开要编辑的工作簿，选择需显示计算结果的单元格，输入公式，若公式中需要引用另一个工作表中数据，则单击包括引用数据的工作表标签，然后单击要引用的单元格，即可在不同工作表中引用单元格数据。

- **引用不同工作簿中的单元格。**引用不同工作簿中单元格的操作与引用不同工作表中单元格的操作类似，首先打开需要引用数据的多个工作簿，然后选择需显示计算结果的单元格输入公式，单击包含引用数据的工作簿中相应的工作表标签，最后单击要引用的单元格，即可在不同工作簿中引用单元格数据。

操作提示　　　　　引用不同工作表或不同工作簿中的单元格数据

　　在同一工作簿的另一张工作表中引用单元格数据，只需在单元格地址前加上工作表的名称和感叹号 "!"，其格式为：工作表名称! 单元格地址。在不同工作簿的某张工作表中引用单元格数据时，只需在单元格地址前加上工作簿名称、工作表名称、感叹号 "!"，其格式为：[工作簿名称.xlsx]工作表名称! 单元格地址。

（二）常用的查找函数

查找函数与其他类型函数相比数量较少，但其实用性较高，下面简单介绍 LOOKUP、VLOOKUP、HLOOKUP 这 3 种常用的查找函数。

- **LOOKUP 函数。**LOOKUP 函数可从单行、单列的单元格区域或数组中查找出相应的数据，它具有两种语法形式：向量形式和数组形式。其向量形式的语法结构为 LOOKUP(lookup_value,lookup_vector,result_vector)，其中，"lookup_value" 可以是引用数字、文本或逻辑值等，表示"LOOKUP"在第一个向量中搜索的值；"lookup_vector"可以是文本、数字或逻辑值，表示"LOOKUP"只包含一行或一列的单元格区域；"result_vector"是可选参数，只包含一行或一列的单元格区域，必须与"lookup_vector"大小相同。

- **VLOOKUP函数。** VLOOKUP函数是Excel 2016中的一个纵向查找函数，是按列查找，最终返回该列所需查询列序对应的值。其语法结构为VLOOKUP(lookup_value,table_array,col_index_num,range_lookup)，其中，"lookup_value"表示在表格或单元格区域的第一列中搜索的值；"table_array"表示包含数据的单元格区域；"col_index_num"表示"table_array"参数中必须返回的匹配值的列号，若"col_index_num"参数为"1"，则返回table_array第一列中的值；"range_lookup"表示逻辑值（true或false），是可选参数，用于指定"VLOOKUP"是查找精确匹配值还是近似匹配值：若"range_lookup"为true或省略，则返回精确匹配值。

- **HLOOKUP函数。** VLOOKUP函数是在数据区域按垂直方向查找和搜索，如果用户需要对含有数据区域的数据进行水平搜索，则可使用HLOOKUP函数来实现。其语法结构为"HLOOKUP(lookup_value,table_array,row_index_num,range_lookup)"，其参数与VLOOKUP函数的参数含义相同，只是将其中的"col_index_num"换成"row_index_num"，表示"table_array"中返回的匹配值的行号。如果"row_index_num"参数小于1，则函数返回错误值"#VALUE!"；当"row_index_num"大于"table_array"的行数时，返回错误值"#REF!"。

三、任务实施

（一）计算产品成本

微课视频

计算产品成本

为实现对各产品的成本分析，首先需要核算产品的各项成本，包括物料成本、燃料成本等，然后核算人工成本并汇总各项参数，具体操作如下。

（1）打开"产品成本核算表.xlsx"工作簿（素材所在位置：素材文件\项目九\任务二\产品成本核算表.xlsx），在"甲产品"工作表中选择B8单元格，单击"函数库"组中的"自动求和"按钮∑。

（2）此时，SUM函数中自动引用的单元格区域有误，将引用单元格区域更改为"E4:E7"，如图9-24所示，按【Enter】键确认计算结果。

（3）按照相同的操作方法，计算燃料成本合计和人工成本合计结果，如图9-25所示，其引用单元格区域分别为K4:K5、E12:E15。

图9-24　计算物料成本合计　　　　　图9-25　计算其他成本合计

（4）选择"甲产品"工作表中的G11单元格，在编辑栏中输入公式"=B8+H8+B16"，如图9-26所示，按【Enter】键确认计算结果。

（5）按照相同的操作方法，计算乙产品的物料成本、燃料成本、人工成本，以及乙产品成本合计，如图9-27所示。

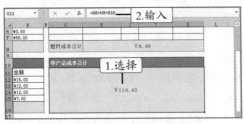
图9-26　计算甲产品成本合计

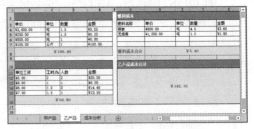
图9-27　计算乙产品相关成本合计

（二）引用数据并分析成本控制情况

下面引用不同工作表中的单元格来快速调用各产品的成本数据，然后使用IF函数对各产品各项成本数据进行评分，具体操作如下。

（1）切换到"成本分析"工作表，选择B3单元格，在编辑栏中输入运算符"="，单击"甲产品"工作表标签，选择该工作表中的B8单元格，如图9-28所示，以引用不同工作表中的单元格数据。

（2）按【Enter】键，即可在"成本分析"工作表中查看引用数据后的计算结果，如图9-29所示。

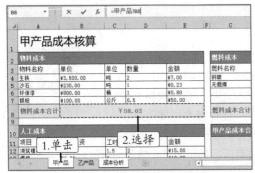
图9-28　引用不同工作表中的数据（1）

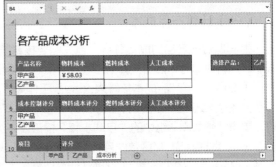
图9-29　查看引用结果

（3）在B3:D4单元格区域引用甲产品和乙产品的各项成本合计数据，如图9-30所示。

（4）选择B7:B8单元格区域，在编辑栏中输入公式"=IF(B3<60,"5",IF(B3<100,"3","1"))"，表示将物料成本数据划分为3个等级，小于60元评分为"5"，在60元至100元之间评分为"3"，大于100元评分为"1"，如图9-31所示，按【Ctrl+Enter】组合键确认计算结果。

（5）选择C7:C8单元格区域，在编辑栏中输入公式"=IF(C3<6,"5",IF(C3<10,"3","1"))"，表示将燃料成本数据划分为3个等级，小于6元评分为"5"，在6元至10元之间评分为"3"，大于10元评分为"1"，如图9-32所示，按【Ctrl+Enter】组合键确认计算结果。

（6）选择D7:D8单元格区域，在编辑栏中输入"=IF(D3<45,"5",IF(D3<50,"3","1"))"，表示将人工成本数据划分为3个等级，小于45元评分为"5"，在45元至50元之间评分为"3"，大于50元评分为"1"，如图9-33所示，按【Ctrl+Enter】组合键确认计算结果。

图9-30　引用不同工作表中的数据（2）

图9-31　物料成本控制评分计算结果

图9-32　燃料成本控制评分计算结果

图9-33　人工成本控制评分计算结果

（三）创建产品成本索引

微课视频

创建产品成本索引

下面利用VLOOKUP函数和VALUE函数来创建产品成本索引，为创建雷达图做好准备，具体操作如下。

（1）在"成本分析"工作表的A11:A13单元格区域引用各成本项目名称，如图9-34所示。

（2）选择B11单元格，在编辑栏中输入公式"=VLOOKUP(G2,A7:B8,2)"，表示根据G2单元格中选择的产品返回对应物料成本评分结果，如图9-35所示，按【Enter】查看计算结果。

图9-34　引用成本项目名称

图9-35　返回对应物料评分

（3）在B11单元格函数外侧嵌套VALUE函数，使后面关联的图表可以识别函数返回的数据，如图9-36所示。

（4）选择B12单元格，输入公式"=VLOOKUP(G2,A7:C8,3)"，并嵌套VALUE函数，如图9-37所示。该函数表示根据G2单元格中选择的产品返回对应燃料成本评分结果，按【Enter】键查看计算结果。

图9-36　编辑函数　　　　　　　图9-37　返回对应燃料成本评分

> **知识补充**　　　　　　　　**VALUE 函数**
>
> 　　VALUE函数可以将代表数字的文本字符串转换成数字，其语法结构为=VALUE(text)。"text"可以是Excel 2016可识别的任意常数、日期或时间格式。如果"text"的值不属于这些格式，则VALUE函数将返回错误值"#VALUE!"。

（5）选择B13单元格，输入公式"=VLOOKUP(G2,A7:D8,4)"，并嵌套VALUE函数，如图9-38所示。该函数表示根据G2单元格中选择的产品返回对应人工成本评分结果，按【Enter】键查看计算结果。

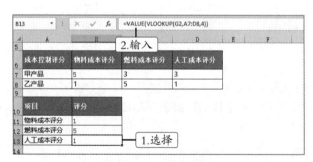

图9-38　返回对应的人工成本评分

（四）使用雷达图分析产品成本

下面创建雷达图，通过将数据系列链接到前面创建的成本索引，实现动态查看不同产品成本控制情况的效果，具体操作如下。

（1）选择A10:B13单元格区域，在【插入】/【图表】组中单击"插入曲面图或雷达图"按钮，在弹出的下拉列表中选择"雷达图"选项，如图9-39所示。

（2）此时，"成本分析"工作表中显示插入的雷达图，在【图表工具 设计】/【图表样式】组中的样式列表中选择"样式6"选项，如图9-40所示。

微课视频

使用雷达图分析产品成本

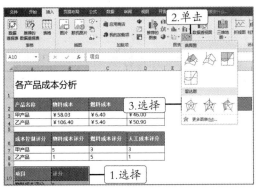

图9-39　选择图表类型

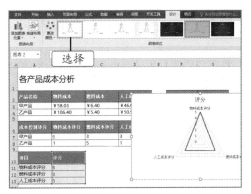

图9-40　更改图表样式

（3）选择雷达图中的图表区，在【图表工具 格式】/【形状样式】组中单击"形状填充"按钮右侧的下拉按钮▾，在弹出的下拉列表中选择"标准色"栏中的"橙色"选项，如图9-41所示。

（4）选择雷达图中的"评分"数据系列，在【图表工具 格式】/【形状样式】组中单击"形状轮廓"按钮右侧的下拉按钮▾，在弹出的下拉列表中选择"标准色"栏中的"红色"选项，如图9-42所示。

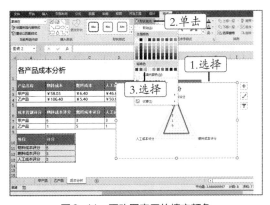

图9-41　更改图表区的填充颜色

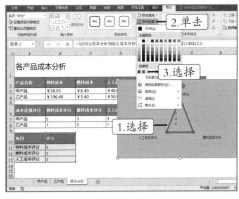

图9-42　更改"评分"数据系列的轮廓颜色

（5）完成雷达图的创建和美化操作后，选择G2单元格，单击其右侧的下拉按钮▾，在弹出的下拉列表中选择"乙产品"选项，如图9-43所示。

（6）此时，雷达图同步显示乙产品的成本控制评分情况，如图9-44所示。（效果所在位置：效果文件\项目九\任务二\产品成本核算表.xlsx。）

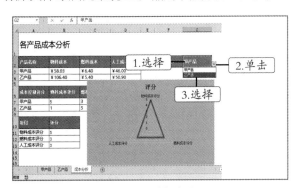

图9-43　选择产品

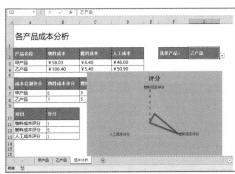

图9-44　显示乙产品的评分情况

任务三　共享资产负债表

资产负债表是反映企业在某一特定时期内，全部资产、负债和所有者权益情况的会计报表，其主要功能是分析、评价、预测企业的变现能力，也可以预测企业的经营业绩。在编制财务报表时，资产负债表的制作是必不可少的，借助Excel 2016中的公式、批注可快速统计资产负债表中的信息。

一、任务目标

月末是老洪最忙的时候，为了减轻老洪的工作压力，同时也提高自己的表格制作能力，米拉会主动帮老洪分担一些工作。此次，老洪让米拉帮忙将制作好的资产负债表共享给其他同事，同时要注意查看表格中的修订是否正确，另外，个别单元格内容可以添加批注来说明。本任务完成后的最终效果如图9-45所示。

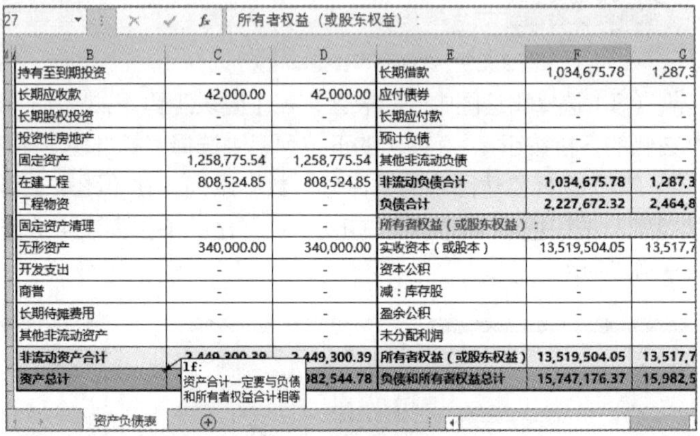

图9-45　资产负债表的最终效果

二、相关知识

多人共享工作簿涉及局域网，下面简单介绍局域网的相关知识，以便更好地认识局域网并进行共享操作。除此之外，为了更好地审阅他人的表格，本任务还将简要介绍Excel 2016中修订的相关知识。

（一）局域网

局域网是指在某一区域内由多台计算机互连成的计算机组，其范围一般在方圆几千米以内。局域网可以实现文件管理、应用软件共享、打印机共享、工作组内的日程安排、电子邮件、传真通信服务等功能。使用局域网的方法为：将文件或文件夹设置为可共享，然后通过"控制面板"窗口创建家庭组，确保家庭组的每台计算机都能正常互相访问，最后按照普通的文件操作方法即可打开某台计算机中共享的文件并使用。

（二）修订

Excel 2016中的修订是审阅他人表格常用的方法。利用Excel 2016的修订功能，在共享文件操作时，可以设置每个人的修订时间、位置、修订人等，以便后期表格的最终修订。在Excel 2016中添加修订的方法为：在【审阅】/【更改】组中单击"修订"按钮，在弹出的下拉列表中选择"突出显示修订"选项，打开"突出显示修订"对话框，勾选"编辑时跟踪修订信息，同时共享工作簿"复选框，然后设置突出显示的修订选项，如图9-46所示。此时工作表进入修订状态，对单元格进行的任何操作都将被记录下来，被修改的单元格左上角将显示蓝色标记，如图9-47所示。

图9-46 "突出显示修订"对话框

图9-47 在修订状态下编辑单元格的效果

三、任务实施

（一）共享Excel工作簿

下面共享制作好的"资产负债表"工作簿，具体操作如下。

（1）打开工作簿所在的文件夹窗口（素材所在位置：素材文件/项目九/任务三/资产负债表.xlsx），在文件夹图标上单击鼠标右键，在弹出的快捷菜单中选择"属性"命令，如图9-48所示。

（2）打开"项目九 属性"对话框，在"共享"选项卡中单击 共享(S)... 按钮，如图9-49所示。

微课视频

共享Excel工作簿

图9-48 选择"属性"命令

图9-49 单击"共享"按钮

（3）打开"文件共享"对话框，设置共享用户为"Everyone"，并设置权限，然后单击 共享(H) 按钮，如图9-50所示。

（4）稍等片刻，提示共享成功后单击 完成(D) 按钮，如图9-51所示，最后关闭"项目九 属性"对话框。

图9-50 选择共享对象并设置权限

图9-51 共享成功

（二）修订的查看、接受和拒绝

共享工作簿后，其他用户便可通过局域网对工作表中的数据进行加工，为了保证数据的正确性，共享工作簿的用户可以接受或拒绝修订内容，具体操作如下。

（1）在【审阅】/【更改】组中单击"修订"按钮，在弹出的下拉列表中选择"突出显示修订"选项。

（2）打开"突出显示修订"对话框，勾选最上方的复选框，分别将"时间""修订人""位置"设置为"全部""每个人""\$C\$21:\$G\$28"，勾选"在屏幕上突出显示修订"复选框，单击 确定 按钮，如图9-52所示。

（3）在打开的保存提示对话框中单击 确定 按钮，进入表格修订状态，此时在修订单元格内容后，该单元格左上角出现蓝色的三角形标记，将鼠标指针移至该单元格上将显示具体的修订内容，如图9-53所示。

图9-52　设置突出显示修订选项

图9-53　显示修订内容

（4）单击"修订"按钮，在弹出的下拉列表中选择"接受/拒绝修订"选项，如图9-54所示。

（5）打开"接受或拒绝修订"对话框，保存默认设置，单击 确定 按钮，如图9-55所示。

图9-54　选择"接受/拒绝修订"选项

图9-55　查看修订选项

（6）在"接受或拒绝修订"对话框中依次显示修订过的内容，若确认内容正确，则单击 接受(A) 按钮，如图9-56所示，Excel 2016将继续显示下一个修订内容；若当前修订内容错误，则单击 拒绝(R) 按钮。

（7）显示下一条修订内容，单击 接受(A) 按钮，如图9-57所示，确认所有修订操作后单击 关闭 按钮完成操作。

图9-56 接受修订

图9-57 继续接受修订

（三）在工作表中插入批注

为了不影响表格的整体效果，下面通过插入批注的方式对单元格中的内容进行补充说明，具体操作如下。

（1）选择B34单元格，在【审阅】/【批注】组中单击"新建批注"按钮，打开批注编辑框，在其中输入图9-58所示的文本内容。

（2）在【审阅】/【更改】组中单击"保护共享工作簿"按钮，打开"保护共享工作簿"对话框，勾选"以跟踪修订方式共享"复选框，单击 确定 按钮，如图9-59所示。按【Ctrl+S】组合键保存表格（效果所在位置：效果文件\项目九\任务三\资产负债表.xlsx）。

微课视频

在工作表中插入批注

图9-58 插入批注

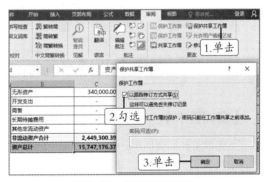

图9-59 保护共享工作簿

实训一　制作费用支出明细表

【实训要求】

完成本实训需要熟练使用Excel 2016的宏功能，并通过图表分析费用支出情况。本实训完成后的最终效果如图9-60所示（效果所在位置：效果文件\项目九\实训一\费用支出明细表.xlsx）。

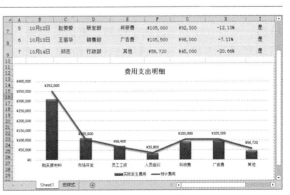

图9-60 费用支出明细表的最终效果

【实训思路】

完成本实训首先需要录制宏，然后将宏应用到相应的单元格中，最后利用组合图对比分析预计费用与实际支出费用，其操作思路如图9-61所示。

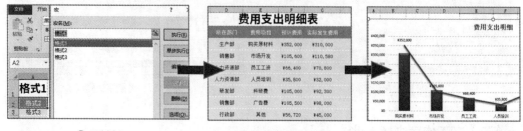

① 录制宏　② 应用录制的宏　③ 利用组合图分析支出费用

图9-61　制作费用支出明细表的思路

【步骤提示】

（1）打开工作簿，在“宏样式”工作表中为表格录制3种格式的宏。其中，“格式1”宏的单元格格式为“思源黑体 CN Bold，26，居中”，“格式2”宏的单元格格式为“黑体，12，蓝色底纹，白色字体，居中，行高27”，“格式3”宏的单元格格式为“白色底纹，白色边框线”。

（2）分别对“Sheet1”工作表中的表头、标题、内容应用录制好的“格式1”宏、“格式2”宏、“格式3”宏。

（3）为E2:G9单元格区域中的数据插入折线图，在“更改图表类型”对话框中单击“组合图”选项卡，并将“实际发生费用”图表类型更改为“簇状柱形图”，美化图表。

实训二　制作企业资产同期对比表

【实训要求】

完成本实训需要使用Excel 2016中的修订功能和共享工作簿功能。本实训完成后的最终效果如图9-62所示（效果所在位置：效果文件\项目九\实训二\企业资产同期对比表.xlsx）。

企业资产同期对比表

当前资产：	2020	2021
现金	¥8,673,783.75	¥10,537,864.54
投资	¥1,083,452.47	¥1,537,864.71
存货	¥568,734.74	¥452,138.75
应收账款	¥254,402.36	¥837,547.74
待摊费用	¥201,537.74	¥208,374.71
其他	¥53,721.74	¥39,278.05
当前总资产	¥10,835,632.80	¥13,613,068.50
固定资产：	2020	2021
资产和设备	¥790,566.43	¥970,695.49
租赁资产改良投资	¥100,466.05	¥370,552.09
股权和其他投资	¥200,358.50	¥430,451.71
累计折旧减值	¥920,659.64	¥450,509.07
总固定资产	¥2,012,050.62	¥2,222,208.36
其他资产：	2020	2021
信誉	¥360,473.22	¥452,206.58

图9-62　企业资产同期对比表的最终效果

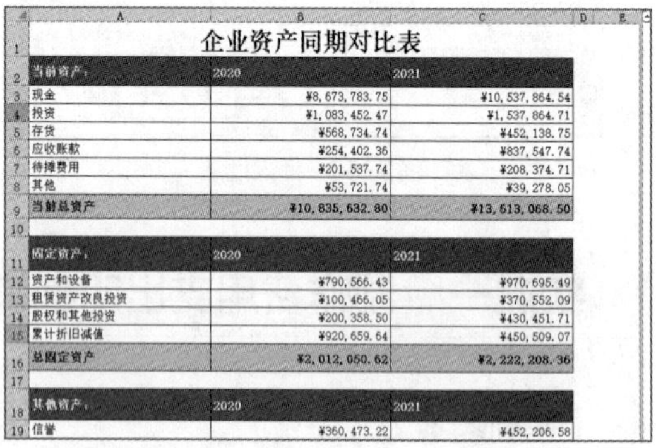

【实训思路】

完成本实训首先应计算不同年份的资产合计数，然后共享创建好的工作簿，最后开启修订功能更改表格内容，其操作思路如图9-63所示。

【步骤提示】

（1）在工作簿中利用公式和求和函数SUM计算当前总资产、总固定资产、其他资产等数据。

（2）通过“属性”对话框对保存该工作簿的文件夹进行共享操作。

（3）启用修订功能，更改表格中的数据。

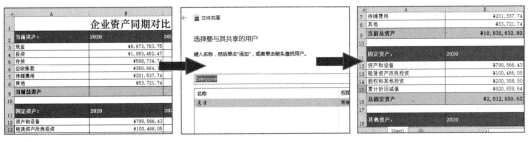

| ① 计算资产合计值 | ② 共享工作簿 | ③ 利用修订功能更改数据 |

图9-63　制作企业资产同期对比表的思路

常见疑难问题解答

问：在录制宏的过程中不小心录制了不需要的操作该怎么办？

答：如果是比较简单的操作，如设置字体、字号等格式，则先录制完需要的效果，完成后通过编辑宏的方法在代码窗口中找到不需要的代码，将其删除即可。若录制的操作太复杂，无法删除相关代码，则应考虑重新录制。

问：为什么将宏的快捷键设置为【Ctrl+Shift+X】组合键，在运行宏时却无法执行？

答：如果设置的运行宏的快捷键与当前系统中正在运行的其他软件的快捷键重复，则该快捷键将首先执行其他软件对应快捷键的相应功能，而不会运行宏。解决的方法有两种：一是关闭快捷键相同的其他软件，二是重新定义运行宏的快捷键。

拓展知识

1. 认识宏的局限性

在Excel 2016中进行的操作大多都可通过录制宏来完成，即便如此，宏自身仍存在一定的局限性。录制宏无法完成的工作主要表现在以下几个方面。

- 录制的宏不具备判断或循环能力。
- 宏的人机交互能力较差，即在运行宏的过程中，用户无法输入，计算机也无法给出需要的操作提示。
- 在运行宏时无法显示Excel对话框。
- 在运行宏的过程中，无法显示自定义窗体。

2. 工作簿的发布

如果需要使用工作簿的用户不在同一局域网中，无法共享工作簿，则可将工作簿发布到互联网上，让其他任何地方的用户都能共享资源。发布工作簿的方法为：选择【文件】/【保存】命令，在打开的"另存为"界面中选择文件的保存位置；打开"另存为"对话框，在"保存类型"下拉列表中选择"网页（*.htm;*.html）"选项，单击 发布(P)... 按钮；打开"发布为网页"对话框，如图9-64所示；在"选择"下拉列表中设置发布

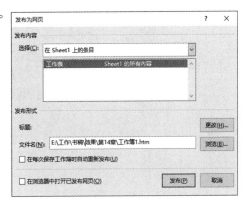

图9-64　"发布为网页"对话框

内容，包括工作表、单元格区域等选项，在"文件名"文本框中设置工作簿发布后的保存位置和名称，设置完成后单击 发布(P) 按钮。

课后练习

练习1：制作销售数据记录表

首先打开"销售数据记录表"工作簿（素材所在位置：素材文件\项目九\课后练习\销售数据记录表.xlsx），将"Sheet1"工作表重命名为"2021年10月"，然后利用宏功能美化表格，最后利用VLOOKUP函数查找员工销售产品的名称和销售业绩，最终效果如图9-65所示（效果所在位置：效果文件\项目九\课后练习\销售数据记录表.xlsx）。

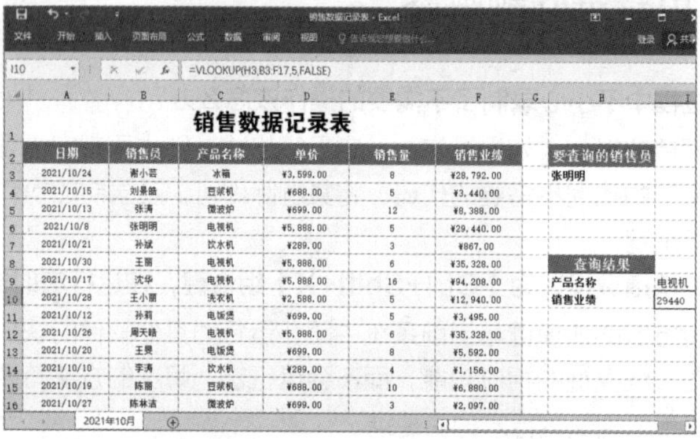

图9-65　销售数据记录表的最终效果

练习2：制作客户回款率统计表

利用Excel 2016制作客户回款率统计表，并将制作的表格共享到局域网中。制作该表格涉及的知识点包括簇状柱形图的插入与编辑、共享工作簿、修订单元格中的数据，完成后的最终效果如图9-66所示（效果所在位置：效果文件\项目九\课后练习\客户回款率统计表.xlsx）。

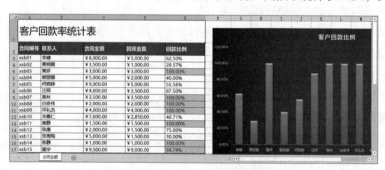

图9-66　客户回款率统计表的最终效果

项目十

财务分析

情景导入

米拉："老洪，上次财务报表能够制作成功多亏了你的帮助。"

老洪："通过制作财务报表是不是对Excel 2016有了更深的认识？"

米拉："是的，又学会了一些新的制作技巧，你那里还有没有需要编制的表格？我想进一步提升制作表格的能力，为日后的工作打好基础。"

老洪："公司现阶段在开展新项目的调研工作，会涉及很多数据预测和分析方面的内容。你要不要试一试？"

米拉："当然，正好可以趁此机会多学习学习，但遇到问题，老洪你可得帮我。"

米拉："没问题，放手去做吧。"

学习目标

- 熟悉固定资产折旧的情况与计算方法。
- 熟悉预测分析方法和预测分析工具。
- 熟悉PMT函数与方案管理器的使用方法。

技能目标

- 能够运用预测分析工具预测成本、利润、销量等。
- 能够利用方案管理器来制订合理的投资计划。

素质目标

培养一种数字意识，具备数据分析能力，同时，还要定期进行自我剖析，并严格要求自我，做到实事求是，无私无畏。

任务一　制作固定资产盘点表

统计公司的固定资产不仅可以统筹管理公司现有的固定资产，还可以了解固定资产的折旧信息。在统计公司固定资产时，通常需要制作固定资产盘点表，借助Excel 2016中的公式可以快速统计出公司的固定资产和折旧信息。

一、任务目标

定期清理公司的固定资产是保证固定资产核算的真实性、保证固定资产的安全和完整的重要手段。在清理公司固定资产时，一般都会制作固定资产盘点表，通过表格清晰地了解固定资产的详细信息，如购置日期、使用年限、月折旧额等。固定资产盘点表还是由米拉来制作，本任务完成后的最终效果如图10-1所示。

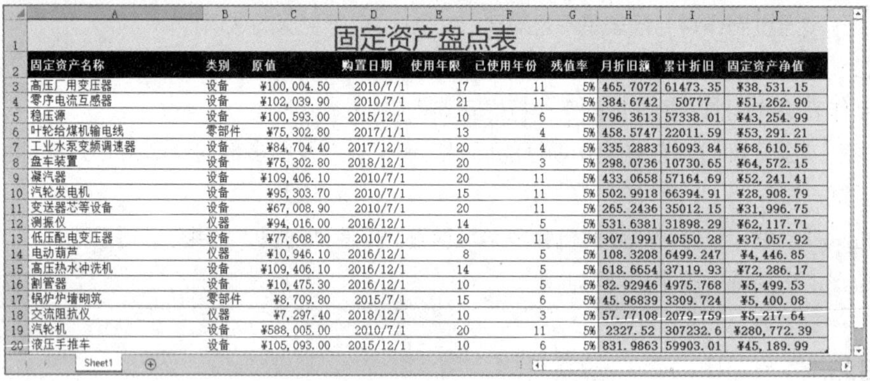

固定资产名称	类别	原值	购置日期	使用年限	已使用年份	残值率	月折旧额	累计折旧	固定资产净值
高压厂用变压器	设备	¥100,004.50	2010/7/1	17	11	5%	465.7072	61473.35	¥38,531.15
零序电流互感器	设备	¥102,039.90	2010/7/1	21	11	5%	384.6742	50777	¥51,262.90
稳压源	设备	¥100,593.00	2015/12/1	10	6	5%	796.3613	57338.01	¥43,254.99
叶轮给煤机输电线	零部件	¥75,302.80	2017/1/1	13	4	5%	458.5747	22011.59	¥53,291.21
工业水泵变频调速器	设备	¥84,704.40	2017/1/1	20	4	5%	335.2883	16093.84	¥68,610.56
盘车装置	设备	¥75,302.80	2018/12/1	20	3	5%	298.0736	10730.65	¥64,572.15
凝汽器	设备	¥109,406.10	2010/7/1	20	11	5%	433.0658	57164.69	¥52,241.41
汽轮发电机	设备	¥95,303.70	2010/7/1	15	11	5%	502.9918	66394.91	¥28,908.79
变送器芯等设备	设备	¥67,008.90	2010/7/1	20	11	5%	265.2436	35012.15	¥31,996.75
测振仪	仪器	¥94,016.00	2016/12/1	14	5	5%	531.6381	31898.29	¥62,117.71
低压配电变压器	设备	¥77,608.20	2010/7/1	20	11	5%	307.1991	40550.28	¥37,057.92
电动葫芦	仪器	¥10,946.10	2016/12/1	8	5	5%	108.3208	6499.247	¥4,446.85
高压热水冲洗机	设备	¥109,406.10	2016/12/1	14	5	5%	618.6654	37119.93	¥72,286.17
割管器	设备	¥10,475.30	2016/12/1	10	5	5%	82.92946	4975.768	¥5,499.53
锅炉炉墙砌筑	零部件	¥8,709.80	2015/12/1	15	6	5%	45.96839	3309.724	¥5,400.08
交流阻抗仪	仪器	¥7,297.40	2018/12/1	10	3	5%	57.77108	2079.759	¥5,217.64
汽轮机	设备	¥588,005.00	2010/7/1	20	11	5%	2327.52	307232.6	¥280,772.39
液压手推车	设备	¥105,093.00	2015/12/1	10	6	5%	831.9863	59903.01	¥45,189.99

图10-1　固定资产盘点表的最终效果

二、相关知识

在制作固定资产盘点表时，会对固定资产进行计提折旧，这里简单介绍固定资产折旧的一些基本知识，包括固定资产折旧的范围和年限，以及固定资产折旧的计算方法。

（一）固定资产折旧的范围和年限

计提折旧的固定资产主要包括房屋建筑物，正在使用的机器设备、仪器仪表、运输车辆、工具器具，季节性停用及修理停用的设备，以经营租赁方式租出的固定资产和以融资租赁方式租入的固定资产等。不同类型的固定资产，最低折旧年限也不同，具体情况如下。

- 房屋、建筑类固定资产的最低折旧年限为20年。
- 飞机、火车、轮船、机械等其他生产设备的最低折旧年限为10年。
- 与生产经营活动有关的器具、工具、家具等的最低折旧年限为5年。
- 飞机、火车、轮船以外的运输工具的最低折旧年限为4年。
- 电子设备的最低折旧年限为3年。

（二）固定资产折旧的计算方法

企业计提固定资产折旧的方法有多种，这些方法基本上可以分成两大类，即直线法折旧法（包括年限折旧法和工作量法）与加速折旧法（包括年数总和法和双倍余额递减法）。在实际操作时，企业应当根据固定资产的经济利益预期实现方式选择不同的方法。采用的折旧方法不同，计提折旧额的结果就会不同。

本任务将采用的折旧方法为工作量法，这种方法是根据实际工作量计提折旧额的一种方法，可以弥补年限折旧法只重时间，不考虑使用强度的不足。

三、任务实施

（一）输入固定资产盘点表中的基础数据

下面创建并保存工作簿，对工作表进行整理并输入用于录制和运行宏的各种基本数据，具体操作如下。

（1）新建并保存"固定资产盘点表.xlsx"工作簿，在A1:J20单元格区域输入图10-2所示的数据（素材所在位置：素材文件\项目十\任务一\固定资产盘点表.docx）。

（2）合并A1:J1单元格区域并居中显示，将该区域的字体格式设置为"SimSun-ExtB，24"，字体颜色设置为"深红"，单元格填充颜色设置为"白色，背景1，深色5%"，如图10-3所示。

图10-2　输入固定资产基础数据

图10-3　设置表头

（3）选择A2:J20单元格区域，单击【开始】/【样式】组中的"套用表格格式"按钮，在弹出的下拉列表中选择"表样式浅色8"选项，如图10-4所示，在打开的对话框中单击 确定 按钮。

（4）利用【开始】/【数字】组，将"原值"所在列的数字格式设置为"货币"，将"残值率"所在列的数字格式设置为"百分比"，如图10-5所示。

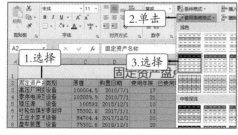

图10-4　选择套用表格格式

图10-5　设置数字格式

（5）取消单元格的筛选状态，适当增加第2行单元格的行高。选择整张工作表，在【开始】/

【单元格】组中单击"格式"按钮，在弹出的下拉列表中选择"自动调整列宽"选项，如图10-6所示。

（6）选择F3:F20单元格区域，输入公式"=YEAR(NOW())-YEAR(D3)"，按【Ctrl+Enter】组合键计算各固定资产的已使用年份，并将数字格式设置为"常规"，如图10-7所示。

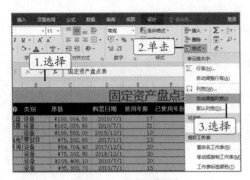

图10-6　自动调整列宽

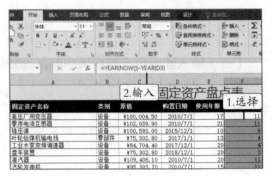

图10-7　计算固定资产已使用年份

（二）利用工作量法计提折旧

下面使用工作量法对固定资产进行计提折旧，具体操作如下。

（1）设置H3:J20单元格区域的单元格样式为"输出"，字形为"加粗"，对齐方式为"居中"，如图10-8所示。

（2）选择H3:H20单元格区域，在编辑栏中输入公式"=(C3*(1-G3)/E3)/12"，表示使用工作量法计提月折旧额，按【Ctrl+Enter】组合键快速填充公式，效果如图10-9所示。

微课视频

利用工作量法计提折旧

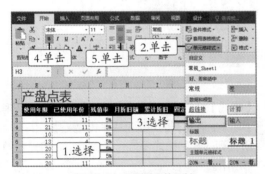

图10-8　设置单元格区域

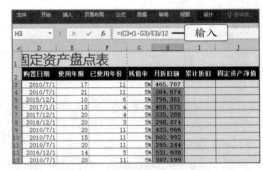

图10-9　计算固定资产的月折旧额

（3）选择I3:I20单元格区域，在编辑栏中输入公式"=H3*F3*12"，表示根据月折旧额和已使用年份来计算累计折旧额，按【Ctrl+Enter】组合键快速填充公式，效果如图10-10所示。

（4）选择J3:J220单元格区域，在编辑栏中输入公式"=C3-I3"，表示固定资产的净值=原值-累计折旧，按【Ctrl+Enter】组合键快速填充公式，效果如图10-11所示。

（5）隐藏工作表中的网格线，保存工作簿（效果所在位置：效果文件\项目十\任务一\固定资产盘点表.xlsx）。

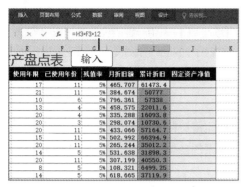

图 10-10 计算固定资产的累计折旧额   图 10-11 计算固定资产净值

任务二 制作预算分析表

制作预算分析表可以对销售额、利润成本等进行分析和预测，方便公司制定和调整战略决策。预测分析应当建立在合理假设的基础上，本着审慎的原则，既要划出安全的底线，又要对数据进行合规性校验，对于不合规的数据一定要及时筛选出，否则会影响最后的预测分析结果。

一、任务目标

公司需要对某一产品的销售额数据、利润数据、成本数据等财务数据进行预测分析，需要米拉尽快制作出一张预算分析表，以便明确工作目标，进而协调各部门之间的协作关系。本任务完成后的最终效果如图10-12所示。

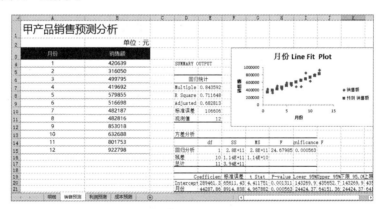

图 10-12 预算分析表的最终效果

二、相关知识

只有掌握Excel 2016的预测分析工具，并了解数据的预测分析方法，才能完成本任务的操作，这里对相关知识进行简要介绍。

（一）数据分析工具

Excel 2016提供了移动平均、指数平滑、回归等分析工具，利用这些工具可以计算出估计值、标准差、残差、拟合图。其中，移动平均分析工具可以根据近期数据对预测值影响较大，而远期数据对预测值影响较小的规律，把平均值逐期移动；指数平滑分析工具采用一种改良后的加权平均法；回归分析工具通过研究两组或两组以上变量之间的关系，建立相应的回归预测模型，对变量进行预测。

（二）预测分析方法

预测分析的方法主要有两种：定量预测法和定性预测法。

- **定量预测法：** 在掌握与预测对象有关的各种要素定量资料的基础上，运用现代数学方法分析数据，并建立能够反映有关变量之间规律性联系的各类预测模型的方法体系，可分为趋势外推分析法和因果分析法。

- **定性预测法：** 由有关方面的专业人员或专家根据自己的经验和知识，结合预测对象的特点进行分析，对事物的未来状况和发展趋势做出推测的预测方法。

三、任务实施

（一）输入基础数据

下面在表格中输入与产品销售相关的数据，为后面的预测分析提供数据基础，具体操作如下。

微课视频
建立基础数据

（1）新建并保存"预算分析表.xlsx"工作簿，新建3张工作表，并依次将4张工作表重命名为"明细""销售预测""利润预测""成本预测"，如图10-13所示。

（2）切换到"明细"工作表，输入标题、项目、基本数据，并适当美化表格，如图10-14所示。

图10-13　新建并重命名工作表　　图10-14　输入数据并美化表格

（3）利用公式"销售额=销售量*售价"计算销售额，如图10-15所示。

（4）利用公式"销售成本=销售额*0.8"计算销售成本，如图10-16所示。

（5）利用公式"实现利润=销售额-销售成本"计算实现利润，如图10-17所示。

（6）利用自动求和函数计算销售量、销售额、销售成本、实现利润的合计值。选择A4:A15单元格区域，打开"新建名称"对话框，在"名称"文本框中输入文本"月份"，按【Enter】键，为选择的单元格区域定义名称，如图10-18所示。用相同方法为其他单元格区域定义名称，名称为对应的项目名称。

图10-15　计算销售额

图10-16　计算销售成本

图10-17　计算实现利润

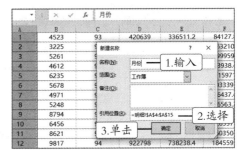

图10-18　定义单元格名称

（二）预测销售数据

微课视频

预测销售数据

　　下面在"销售预测"工作表中创建销售预测分析表格，引用"明细"工作表中的部分数据，并结合回归计算方法来预测和分析销售数据，具体操作如下。

　　（1）切换到"销售预测"工作表，在A1:B15单元格区域输入数据并美化表格框架，如图10-19所示。

　　（2）选择A4:A15单元格区域，在编辑栏中输入公式"=月份"，按【Ctrl+Enter】组合键引用"明细"工作表中的数据，如图10-20所示。

图10-19　输入数据并美化表格

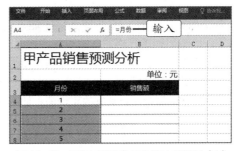

图10-20　引用"明细"工作表中的数据（1）

　　（3）选择B4:B15单元格区域，在编辑栏中输入公式"=销售额"，按【Ctrl+Enter】组合键引用"明细"工作表中的数据，如图10-21所示。

　　（4）在【数据】/【分析】组中单击"数据分析"按钮，打开"数据分析"对话框，在"分析工具"列表框中选择"回归"选项，单击 确定 按钮，如图10-22所示。

　　（5）打开"回归"对话框，将Y值输入区域和X值输入区域分别设置为"$B$3:$B$15"和"$A$3:$A$15"，选中"输出区域"单选项，将输出区域指定为"$D$4"。勾选"标志""残差""线性拟合图"复选框，单击 确定 按钮，如图10-23所示。

（6）此时显示回归数据分析工具根据引用的单元格区域的数据得到的预测结果，其中还配以散点图来直观地显示数据趋势。在表格中可查看预测的销售数据及趋势，如图10-24所示。

图10-21 引用"明细"工作表中的数据（2）

图10-22 选择数据分析工具

图10-23 设置回归参数

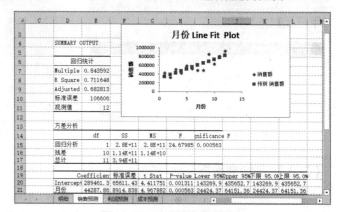

图10-24 查看销售预测数据

（三）预测利润数据

下面在"利润预测"工作表中通过假定目标利润数据计算产品相关销售数据的预测数据，具体操作如下。

（1）切换到"利润预测"工作表，在A1:C9单元格区域建立表格框架，并适当美化表格，在C9单元格中输入目标利润数据。

（2）选择B4单元格，在编辑栏中输入公式"=明细!B16"，表示引用"明细"工作表中B16单元格中的数据，如图10-25所示。

（3）选择B5单元格，在编辑栏中输入公式"=AVERAGE(售价)"，表示计算名称为"售价"的单元格区域中所有数据的平均值，如图10-26所示。

图10-25 引用"明细"工作表中的数据

图10-26 计算平均售价

（4）选择B6单元格，在编辑栏中输入公式"=AVERAGE(MAX(售价)-B4,B4-MIN(售价))"，表示用最高售价减去平均售价的值，再用平均售价减去最低售价的值，取这两个值的平均值，如图10-27所示。

（5）选择B7单元格，在编辑栏中输入公式"=明细!E16"，如图10-28所示。

图10-27　计算变动范围

图10-28　引用"明细"工作表中的数据

（6）选择B8单元格，在编辑栏中输入公式"=明细!F16"，如图10-29所示。

（7）选择C4单元格，在编辑栏中输入公式"=(C9+B7)/(B5-B6)"，如图10-30所示。

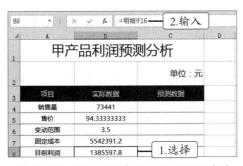

图10-29　引用"明细"工作表中的数据（3）

图10-30　计算预测销售量

（8）选择C5单元格，在编辑栏中输入公式"=(C9+B7)/B4"，如图10-31所示。

（9）选择C7单元格，在编辑栏中输入公式"=B4*(B5-B6)-C9"，如图10-32所示。

图10-31　计算预测售价

图10-32　计算预测固定成本

（四）预测成本数据

下面使用回归分析工具并结合趋势线，预测并分析销售成本数据，具体操作如下。

（1）切换到"成本预测"工作表，按"销售预测"工作表中的数据创建方法，创建框架数据并引用月份、销售量和销售成本数据，如图10-33所示。

微课视频

预测成本数据

（2）打开"回归"对话框，将Y值输入区域和X值输入区域分别设置为"\$C\$3:\$C\$15"和"\$B\$3:\$B\$15"，勾选"标志""残差""线性拟合图"复选框，在"输出选项"栏中选中"输出区域"单选项，并将输出区域指定为"\$E\$1"，单击 确定 按钮，如图10-34所示。

图10-33　输入并引用单元格数据

图10-34　设置回归参数

（3）在生成的图表区中的数据系列上单击鼠标右键，在弹出的快捷菜单中选择【添加趋势线】命令，如图10-35所示。

（4）打开"设置趋势线格式"任务窗格，在"趋势线选项"栏中默认选中"线性"单选项，在下方勾选"显示公式"复选框和"显示R平方值"复选框，如图10-36所示。关闭任务窗格，完成趋势线的创建（效果所在位置：效果文件\项目十\任务二\预算分析表.xlsx）。

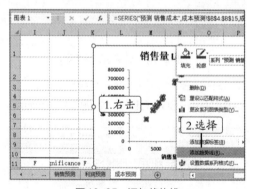

图10-35　添加趋势线

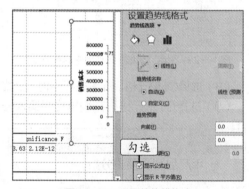

图10-36　设置趋势线格式

任务三　制作投资方案表

投资方案表可直观地反映投资计划，为公司的投资提供充分的数据支持，使投资不盲目。同时，投资方案表还可以帮助公司更加精确地分析投资项目，从而确定适合公司发展的项目，减少大量繁杂的手动计算过程。

一、任务目标

公司准备投资一个大项目，需要向银行贷款，目前许多银行给出了具体的条件，公司让老洪根据这些条件确定最佳信贷方案，可带着米拉一起制作相关表格。老洪告诉米拉，完成该任务需使用

Excel 2016提供的财务函数和方案管理器。本任务完成后的最终效果如图10-37所示。

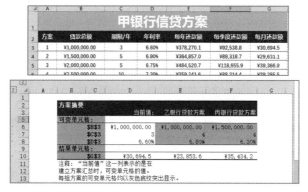

图10-37　投资方案表的最终效果

二、相关知识

本任务涉及PMT财务函数，以及方案管理器的使用，下面就这两个功能的基础知识做简单介绍。

（一）PMT函数

在固定利率和等额分期付款的前提下，可以使用PMT函数计算贷款的每期付款额。PMT函数的语法结构为"PMT（rate,nper,pv,fv,type）"，其中各参数的含义和用法如下。

- **rate:** 表示贷款利率，可以是年利率、月利率或季利率。
- **nper:** 表示该项贷款或投资的还款总期限，其单位必须与"rate"参数的单位一致；如5年期年利率为3.5%的贷款按季支付，则"rate"应为"3.5%/4"，"nper"应为5*4。
- **pv:** 表示本金，即现值或一系列未来付款的当前值的累积和。
- **fv:** 表示未来值，或在最后一次付款后希望得到的现金余额，如果省略该项参数，则Excel 2016自动判断其值为"0"，也就是最后一次付款后无余额。
- **type:** 表示指定各期的付款时间，分为期初或期末；用数字"0"表示期末，用数字"1"表示期初。

（二）方案管理器的作用

方案管理器是Excel 2016提供的模拟分析工具，可以保存多种方案数据，通过生成摘要的方式来对比各个方案的数据情况。在使用方案管理器之前，需要依次创建各个方案，然后通过确定含有公式的结果单元格，输出与之对应的其他方案结果。除输出摘要之外，方案管理器还能输出数据透视表，达到动态分析输出结果的目的。

三、任务实施

（一）计算每期还款额

下面输入信贷方案的框架数据，并利用PMT函数计算每年、每季度、每月的还款额，具体操作如下。

（1）新建并保存"投资方案表.xlsx"工作簿，输入并美化信贷方案的框

微课视频

计算每期还款额

架数据，如图10-38所示。

（2）选择E3:E6单元格区域，在编辑栏中输入公式"=PMT(D3,C3,-B3)"，按【Ctrl+Enter】组合键计算每年还款额，如图10-39所示。

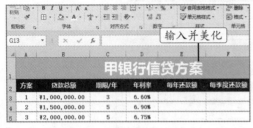

图10-38　输入并美化数据

图10-39　计算每年还款额

> **知识补充**　　　　　　　　　　**PMT 函数解析**
>
> 　　公式"=PMT(D3,C3,-B3)"中只涉及3个参数，其中的"fv"和"type"参数做了默认处理。另外，PMT函数默认返回的是负值，代表支出，因此这里在"pv"参数前手动添加了"-"符号，将结果处理为正数。

（3）选择F3:F6单元格区域，在编辑栏中输入公式"=PMT(D3/4,C3*4,-B3)"，按【Ctrl+Enter】组合键计算每季度还款额，如图10-40所示。

（4）选择G3:G6单元格区域，在编辑栏中输入公式"=PMT(D3/12,C3*12,-B3)"，按【Ctrl+Enter】组合键计算每月还款额，如图10-41所示。

图10-40　计算每季度还款额

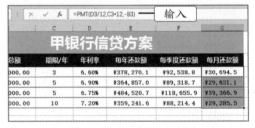

图10-41　计算每月还款额

（二）建立并选择最优信贷方案

下面使用方案管理器建立多个信贷方案，然后在这些方案中选择最优的信贷方案并创建摘要工作表，具体操作如下。

微课视频

建立并选择最优
信贷方案

（1）在【数据】/【预测】组中单击"模拟分析"按钮，在弹出的下拉列表中选择"方案管理器"选项，打开"方案管理器"对话框，单击 添加(A)... 按钮，如图10-42所示。

（2）打开"添加方案"对话框，在"方案名"文本框中输入文本"乙银行贷款方案"，在"可变单元格"文本框中输入单元格区域"$B$3:$D$3"，单击 确定 按钮，如图10-43所示。

（3）打开"方案变量值"对话框，依次在可变单元格对应的文本框中输入此方案对应的数据，单击 确定 按钮，如图10-44所示。

（4）在"方案管理器"对话框中添加丙银行的贷款方案，其中方案名为"丙银行贷款方案"，如图10-45所示，每个可变单元格的值从上到下依次为"1500000""4""0.063"。

图10-42 单击"添加"按钮

图10-43 输入方案名和可变单元格

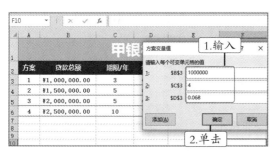

图10-44 设置方案变量值

图10-45 添加丙银行贷款方案

（5）单击"方案管理器"对话框中的 摘要(U)... 按钮，打开"方案摘要"对话框，选中"方案摘要"单选项，在"结果单元格"文本框中输入"G3"，单击 确定 按钮，如图10-46所示。

（6）此时，当前工作簿中自动新建一个"方案摘要"工作表，并在其中显示各方案下每月还款额的情况，从中可选择最符合自身情况的一种方案，如图10-47所示。

图10-46 设置报表类型和结果单元格

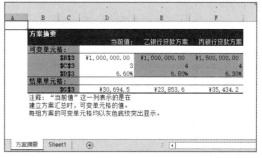

图10-47 查看分析结果

操作提示 **重新修改已有方案**

打开"方案管理器"对话框，选择列表框中某个已有方案对应的选项，单击 编辑(E)... 按钮，在打开的"编辑方案"对话框中可更改该方案的名称、可变单元格和对应的数值。如果对当前方案不满意，则还可以单击"方案管理器"对话框中的 删除(D) 按钮，将其删除，然后通过 添加(A)... 按钮添加新的方案。

实训一　制作产品销量预测表

【实训要求】

完成本实训需要熟练使用趋势线来预测产品销售量，并通过图表展示最终的预测结果。本实训完成后的最终效果如图10-48所示（效果所在位置：效果文件\项目十\实训一\产品销量预测表.xlsx）。

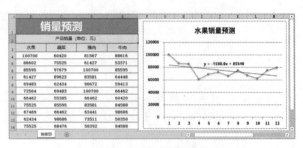

图10-48　产品销量预测表的最终效果

【实训思路】

完成本实训需要先进行基础数据的输入、编辑，以及表格的美化，然后预测产品销量趋势，最后添加趋势线，其操作思路如图10-49所示。

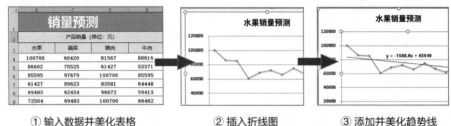

① 输入数据并美化表格　　② 插入折线图　　③ 添加并美化趋势线

图10-49　制作产品销量预测表的思路

【步骤提示】

（1）新建空白工作簿，并将其以"产品销量预测表"为名保存。在A1:E15单元格区域输入基础数据，并对数据进行设置，包括更改字体和字号、设置对齐方式和填充颜色、添加边框等。

（2）将工作表重命名为"销售部"，然后插入两幅折线图，用来表示水果和蔬菜去年每月的销售变动情况。

（3）在折线图上添加趋势线，进行趋势预测。

（4）趋势线为默认的线性类型，并显示公式。

实训二　制作工程施工计划表

【实训要求】

完成本实训需要使用Excel 2016的方案管理器功能计算不同施工队伍的完成方案，然后从中选出最优的方案。本实训完成后的最终效果如图10-50所示（效果所在位置：效果文件\项目十\实训二\工程施工计划表.xlsx）。

【实训思路】

完成本实训主要涉及基础数据的输入和编

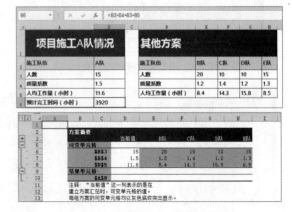

图10-50　工程施工计划表的最终效果

辑、表格的美化、预计完工时间的计算，以及方案管理器的使用，其操作思路如图10-51所示。

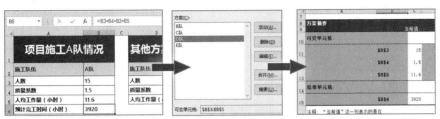

① 输入基础数据并美化表格　② 添加方案　③ 生成摘要

图10-51　制作工程施工计划表的思路

【步骤提示】

（1）计算A队预计完工时间，公式为"=人数*质量系数*人均工作量"。

（2）利用方案管理器创建B队、C队、D队、E队的方案，其中可变单元格为B3:B5单元格区域。

（3）生成摘要查看结果。

常见疑难问题解答

问：趋势线创建后，其颜色与图表颜色相似，不便于分析数据，有没有更改趋势线颜色的方法？

答：有。在趋势线上单击鼠标右键，在弹出的快捷菜单中选择【设置趋势线格式】命令，打开图10-52所示的"设置趋势线格式"任务窗格，在其中单击"填充与线条"按钮 ，在打开的下拉列表中可对添加的趋势线的线条样式、粗细和颜色等进行设置。

问：趋势线中的R平方值是什么？它有什么作用？

答：R平方值可以理解为相关系数，类似一元线性回归预测方法中的R平方值参数，相关系数是反映两个变量间是否存在相关关系，以及这种相关关系的密切程度的一个统计量。该值越接近1，关系越密切，趋势线越可靠，得到的趋势也更加准确。

图10-52　"设置趋势线格式"
任务窗格

拓展知识

1. 学用财务函数的用法

除了PMT函数外，FV函数和PV函数也是常用的财务函数，其用法如下。

- **FV函数**。以固定利率和等额分期付款方式为前提，用于计算某项投资的未来值。其语法结构为"FV(rate,nper,pmt,pv,type)"，其中各参数的含义与PMT函数相同。
- **PV函数**。用于返回投资的现值，该现值为一系列未来付款的当前值的累积和。其语法结构为"PV(rate, nper, pmt, fv, type)"，其中各参数的含义与PMT函数相同。

2. 折旧函数

除了使用公式计提折旧外，Excel 2016还提供了一些常用的折旧函数，使用它们可以更方便地计提折旧。

- **DB函数**。采用固定余额递减法来计算某项固定资产在给定期限内的折旧值。其语法结构为"DB(cost,salvage,life,period,month)"，其中"cost"表示固定资产的原值；"salvage"表示固定资产残值；"life"表示使用寿命；"period"表示折旧时间，使用单位必须与"life"参数相同；"month"表示第一年的月份数，此参数可省略，省略后Excel 2016默认其为"12"。

- **DDB函数**。采用双倍余额递减法或其他指定方法来计算某项固定资产在给定期限内的折旧值。其语法结构为"DDB(cost,salvage,life,period,factor)"，其中"factor"表示余额递减率，此参数可以省略，省略后默认其为"2"（双倍余额递减法）。其余参数与DB函数中相同参数的作用相同。

- **SYD函数**。采用年限总合法来计算某项固定资产在给定期间的折旧值。其语法结构为"SYD(cost,salvage,life,per)"，其中"per"的作用相当于DB函数中的"period"参数，其余参数与DB函数中相同参数的作用相同。

课后练习

练习1：制作固定资产折旧明细表

新建"固定资产折旧明细表.xlsx"工作簿，在工作表中输入标题、项目、固定资产名称，以及使用年限等数据记录，并进行适当美化，使用"年折旧额=（原值-预计净残值）/使用年限""月折旧额=年折旧额/12"进行计算。最终效果如图10-53所示（效果所在位置：效果文件\项目十\课后练习\固定资产折旧明细表.xlsx）。

练习2：制作最优销售利润方案

利用Excel 2016制作最优销售利润方案需要输入基础数据并美化表格，计算商品利润和总利润，添加3种不同的销售利润方案。其中，可变单元格为"B3:B4"，可变值分别为"180、400""260、300""300、220"。完成后的最终效果如图10-54所示（效果所在位置：效果文件\项目十\课后练习\最优销售利润方案.xlsx）。

图10-53　固定资产折旧明细表的最终效果

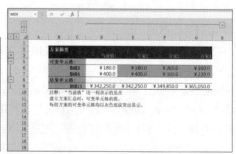

图10-54　最优销售利润方案的最终效果

项目十一
综合实例

情景导入

　　老洪："米拉，从你第一次使用Excel 2016制作表格开始，到现在也有近半年时间了，表格制作能力也有了很大提升。"

　　米拉："表格制作能力的不断提升与你平时的鼓励和帮助密不可分，非常感谢你。"

　　老洪："我们互相进步。现在，我这里有两个综合性的电子表格需要完成，你有兴趣参与吗？"

　　米拉："当然。"

　　老洪："好，那你先看看相关的制作要求，有疑问可以来问我，我们一起解决，争取尽快完成。"

　　米拉："好的。"

学习目标

- 掌握制作Excel表格的基础操作。
- 熟悉使用函数和图表分析数据的方法。

技能目标

- 能够使用Excel 2016制作出专业且美观的表格。
- 能够对表格中的数据进行筛选和分析。

素质目标

　　树立良好的心理素质和应变能力，以及应对各种困难、打击和磨难的承受能力，同时，对突发事件能够沉着、冷静地应对。

任务一　制作进销存数据统计表

进销存数据统计表是为了跟踪和管理生产经营中的入库、出库、销售等环节而制作的表格，该表格提供了每一个出入库环节的详细数据，有利于帮助经营者解决业务管理、分销管理、存货管理等问题。在统计进销存数据时，通常需要制作进销存数据统计表，借助Excel 2016中的公式和函数能够使统计资料工作系统化、条理化，从而更加清晰地表达统计内容。

一、任务目标

随着公司业务量的不断增加，公司对表格的制作也提出了更高的要求。老洪让米拉制作的进销存统计表需要利用动态查询系统来查看统计数据，制作该表格涉及的知识包括数据录入、公式和函数的使用、条件格式的使用等。本任务完成后的最终效果如图11-1所示。

图 11-1　进销存数据统计表的最终效果

二、任务实施

（一）输入基本数据并美化表格

下面创建并保存工作簿，然后对工作表进行整理并输入用于进销存统计的各种基本数据，具体操作如下。

（1）新建并保存"进销存数据统计表.xlsx"工作簿，在"Sheet1"工作表的A1:Q17单元格区域输入图11-2所示的数据。

（2）在【视图】/【显示】组中取消勾选"网格线"复选框，选择A6:A7单元格区域，在【开始】/【对齐方式】组中单击"合并后居中"按钮圖。按照相同的操作方法，合并居中表头中的其他单元格区域，如图11-3所示。

（3）选择A1:L4单元格区域，合并居中显示单元格区域。然后单击"开始"选项卡，将该单元格区域的字体格式设置为"Malgun Gothic Semilight，26，填充为绿色，字体为白色"，如图11-4所示。

（4）选择A6:Q10单元格区域，为该单元格区域添加绿色的边框。调整行高为"20"，将字体格式设置为"Malgun Gothic Smilight"，加粗显示表头，如图11-5所示。

微课视频

输入基本数据并美化表格

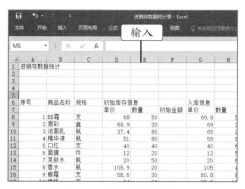

图11-2 输入进销存数据

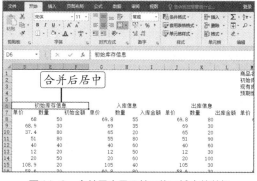

图11-3 合并居中显示单元格区域中的数据

图11-4 设置表格标题格式

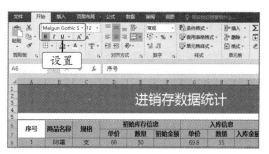

图11-5 设置表格内容格式

（5）按住鼠标左键并拖曳鼠标，调整第6行和第7行的行高，并为A6:Q7单元格区域填充"白色，背景1，深色5%"颜色。利用【开始】/【数字】组，将表格中"单价""初始金额""入库金额""出库金额""现有金额"列的数字格式设置为"货币"，如图11-6所示。

（6）选择M1:P4单元格区域，为该单元格区域添加边框，为其设置不同的填充颜色，如图11-7所示，为表格标题添加加粗效果。

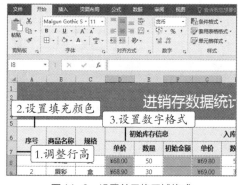

图11-6 设置单元格区域格式

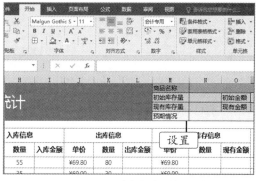

图11-7 设置边框样式并填充颜色

（二）计算现有库存量和相关金额

下面通过公式计算现有库存量和相关金额，具体操作如下。

（1）选择F8:F17单元格区域，在编辑栏中输入公式"=D8*E8"，按【Ctrl+Enter】组合键计算初始金额，如图11-8所示。

（2）选择N8:N17单元格区域，在编辑栏中输入公式"=E8+H8-K8"，按【Ctrl+Enter】组合键计算现有库存量，如图11-9所示。

微课视频

计算现有库存量和相关金额

（3）利用公式"=M8*N8"计算表格中的现有金额。

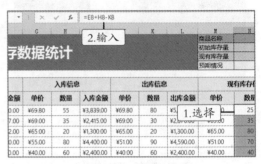

图11-8　计算初始金额　　　　　图11-9　计算现有库存量

（三）设置预警信息

下面使用IF函数设置预警信息，逻辑条件为现有库存量低于安全库存量的单元格显示"警告"，否则显示"正常"，具体操作如下。

（1）选择Q8:Q17单元格区域，在编辑栏中输入公式"=IF(N9-P9>0,"正常","警告")"，按【Ctrl+Enter】组合键得到预警信息。

（2）保持Q8:Q17单元格区域的选择状态，单击【开始】/【样式】组中的"条件格式"按钮，在弹出的下拉列表中选择【突出显示单元格规则】/【文本包含】选项，如图11-10所示。

（3）打开"文本中包含"对话框，在"Sheet1"工作表中选择Q8单元格，单击 确定 按钮，如图11-11所示。

图11-10　选择要应用的条件格式类型

图11-11　设置条件格式

（四）动态查询库存信息

如果库存商品较多，采用手动方式查询库存信息十分麻烦，就可以借助数据有效性和VLOOKUP函数来实现商品库存信息的动态查询，具体操作如下。

（1）选择合并后的N1单元格，在【数据】/【数据工具】组中单击"数据验证"按钮，打开"数据验证"对话框。在"设置"选项卡中设置验证条件，如图11-12所示，单击 确定 按钮。

（2）返回工作表中，选择N2单元格，按【Shift+F3】组合键，打开"插入函数"对话框。选择VLOOKUP函数，在打开的"函数参数"对话框中按图11-13进行设置，单击 确定 按钮。

图11-12　设置验证条件

图11-13　设置函数参数

（3）按照相同的操作方法，利用VLOOKUP函数计算现有库存量、初始金额、现有金额，如图11-14所示。

（4）单击N1单元格右侧的下拉按钮▼，在弹出的下拉列表中选择"爽肤水"选项，可查看该商品的库存信息，如图11-15所示（效果所在位置：效果文件\项目十一\任务一\进销存数据统计表.xlsx）。

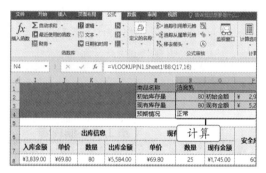

图11-14　计算其他数据

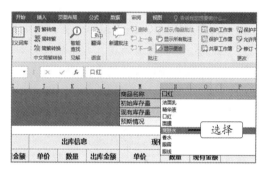

图11-15　动态查看商品库存信息

任务二　制作员工信息管理系统

员工信息管理系统主要用于对企业员工的基础信息进行集中管理，方便企业建立完善、强大的员工信息数据库。通过员工信息管理系统，不仅可以了解企业的整个组织架构，还可以用定量化的数据、图形形象地说明企业可能存在的问题。

一、任务目标

为了加强对员工个人信息的管理，确保员工个人信息的准确性，公司让米拉对现有的员工信息进行整理和分析，并汇总到"员工信息管理系统"表格中。老洪告诉米拉，员工信息管理系统表格制作的关键是员工信息看板图，涉及的知识包括图表的创建与美化、数据的汇总与计算。本任务完成后的最终效果如图11-16所示。

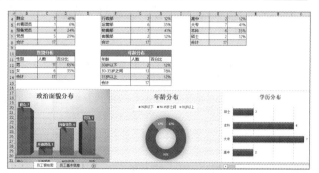

图11-16　员工信息管理系统的最终效果

二、任务实施

（一）输入员工基本数据

下面将员工基本信息数据输入表格中，为后面员工信息看板图的制作打基础，具体操作如下。

微课视频

输入员工基本数据

（1）新建并保存"员工信息管理系统.xlsx"工作簿，新建一张工作表，并依次命名两张工作表为"员工基本信息""员工看板图"。

（2）在"员工基本信息"工作表中输入基础数据（素材所在位置：输出文件\项目十一\任务二\员工信息管理系统.txt），一些有规律的数据可以采用拖曳鼠标指针的方式输入，效果如图11-17所示。

（3）合并A1:O1单元格区域，并设置其字体格式为"SimSun-ExtB，26，加粗，下划线"，为A2:O19单元格区域应用"表样式中等深浅16"格式，为表格添加内边框，效果如图11-18所示。

> **知识补充**　　　　　　　　　　**YEAR 函数**
>
> 　　YEAR函数用于返回日期的年份值，返回值为1900 ～ 9999的整数。其语法结构为"YEAR(serial_number)"，其中参数"serial_number"表示将要计算其年份值的日期，需要注意的是，它不能以文本形式输入，否则将出现错误。

图11-17　输入基础数据

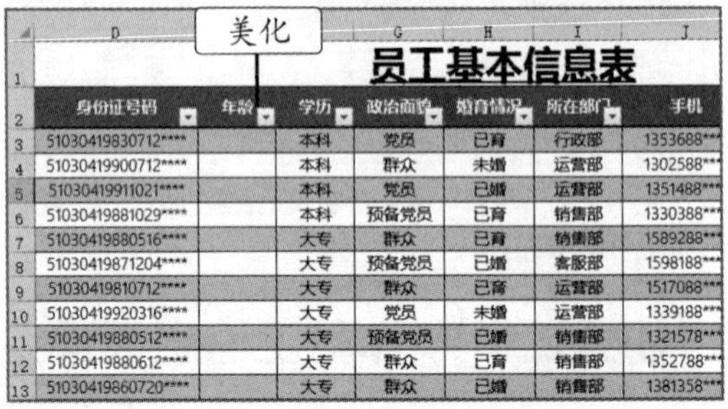

图11-18　美化表格

（4）利用YEAR函数、NOW函数、MID函数计算年龄，如图11-19所示。

（5）利用TODAY函数计算剩余天数，因为该函数计算结果为日期格式，所以应将日期格式转换为常规，如图11-20所示。

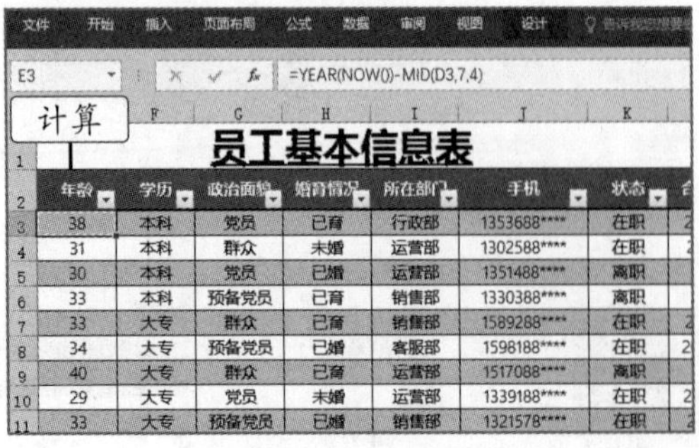

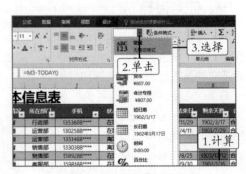

图11-19　计算年龄

图11-20　更改数据格式

（二）分析员工结构

下面汇总员工的政治面貌、所在部门、学历、性别、年龄等数据，具体操作如下。

（1）切换到"员工看板图"工作表，隐藏该工作表中的网格线。合并B1:L1单元格区域，在其中输入员工结构分析数据并美化。在B2:D5单元格区域输入图11-21所示的数据，并设置字体、填充颜色、边框等。

（2）切换到"员工基本信息"工作表，单击"政治面貌"右下角的下拉按钮▼，在弹出的下拉列表中取消勾选所有复选框，勾选"党员"复选框，如图11-22所示，最后单击 确定 按钮。

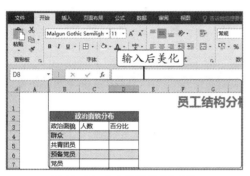

图11-21 输入数据并美化表格

图11-22 筛选数据

（3）查看筛选记录后，返回"员工看板图"工作表，在C7单元格中输入数字"5"。按照相同的筛选方法，统计群众、共青团员、预备党员的人数，并计算其百分比，如图11-23所示。

（4）按照相同操作方法，统计部门分布、学历分布、性别分布、年龄分析4项人员结构信息，如图11-24所示。

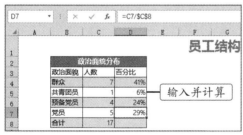

图11-23 统计员工政治面貌数据

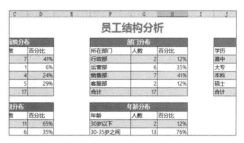

图11-24 统计员工的其他结构信息

（三）插入图表

下面在"员工看板图"工作表中插入图表，具体操作如下。

（1）在"员工看板图"工作表中选择B4:C7单元格区域，单击【插入】/【图表】组中的"插入柱形图或条形图"按钮 ，在弹出的下拉列表中选择"三维簇状柱形图"选项。

（2）此时工作表中插入三维簇状柱形图，在【图表工具 设计】/【图表样式】组中的样式列表中选择"样式3"选项，如图11-25所示。

（3）保持柱形图的选择状态，单击【图表工具 设计】/【图表布局】组中的"添加图表元素"按钮，在弹出的下拉列表中选择"数据标签"中的"数据标注"选项，如图11-26所示。

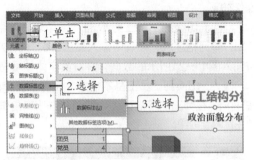

图11-25　选择图表样式　　　　　　　　　图11-26　添加数据标签

（4）在"员工看板图"工作表中插入"年龄分布"圆环图并美化，如图11-27所示。

（5）为学历数据插入条形图，并更改其布局和样式，如图11-28所示（效果所在位置：效果文件\项目十一\任务二\员工信息管理系统.xlsx）。

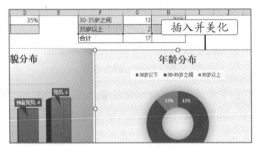
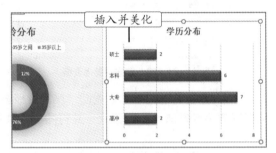

图11-27　插入并美化圆环图　　　　　　　　图11-28　插入并美化条形图

常见疑难问题解答

问：在表格中添加图表后，利用图表可以实现数据的筛选操作吗？

答：可以。选择插入的图表，此时图表右侧自动显示筛选按钮，单击该按钮，在弹出的列表中勾选对应的复选框，单击 应用 按钮，即可实现数据的筛选操作，如图11-29所示。

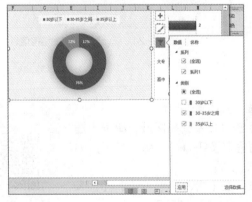
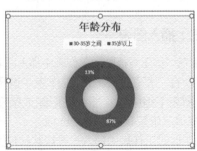

图11-29　利用图表筛选数据

问：使用VLOOKUP函数查找数据时，为什么有的单元格会显示错误值，如空值，有的单元格又显示正确的计算结果？

答：出现这种情况的主要原因是没有对要查找的值进行排序操作，只需对其进行排序操作，即可显示正确的计算结果。例如，在前面介绍的进销存数据统计表中，在使用VLOOKUP函数时就需要对要查找的值，即"商品名称"字段进行排序。

拓展知识

1. 使用其他日期函数

除了前面介绍的日期函数外，DAY函数和WEEKDAY函数也是常用的日期函数，其用法如下。

- **DAY函数：** 用于返回一个月中第几天对应的数值，其语法结构为"DAY(serial_number)"，"serial_number"为要查找的天数日期。
- **WEEKDAY函数：** 用于返回某个日期是一周中的第几天，其语法结构为"WEEKDAY(serial_number,return_type)"，其中"serial_number"表示要查找的那一天的日期，"return_type"表示确定返回值类型的数字。

2. VLOOKUP函数的反向查找

一般情况下，VLOOKUP函数只能从左向右查找。如果需要从右向左查找，则需要把列的位置用数组互换，即首先利用IF函数的数组效应把两列换位重新组合，再利用VLOOKUP函数查找。

例如，通过员工姓名查找编号，即可在K5单元格中输入公式"=VLOOKUP(K4,IF({1,0},B3:B17,A3:A17),2,FALSE)"，如图11-30所示。其中，"K4"表示要搜索的值；"IF({1,0},B3:B17,A3:A17)"是本函数的核心内容，表示搜索数据的信息表；"2"表示满足条件单元格的列号，因为A列和B列已互换，所以要搜索的编号应该是"2"而不是"1"；"FALSE"表示匹配方式。

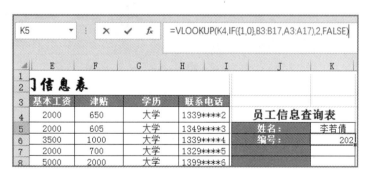

图11-30 使用VLOOKUP函数

课后练习

练习1：制作年度财务数据分析表

新建"年度财务数据分析表.xlsx"工作簿，在工作表中输入相关数据后进行适当美化，计算表格中的同比增长率与净利润，并插入折线图与柱表图组合的图表，完成后的最终效果如图11-31所示（效果所在位置：效果文件\项目十一\课后练习\年度财务数据分析表.xlsx）。

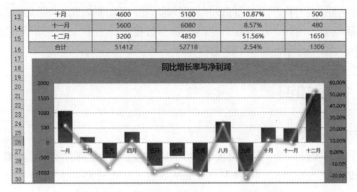

图11-31　年度财务数据分析表的最终效果

练习2：制作销售数据统计分析表

利用Excel 2016制作销售数据统计分析表，制作该表格涉及的知识点包括基础数据的输入与表格美化、数据透视图表的创建与美化、切片器的使用。完成后的最终效果如图11-32所示（效果所在位置：效果文件\项目十一\课后练习\销售数据统计分析表.xlsx）。

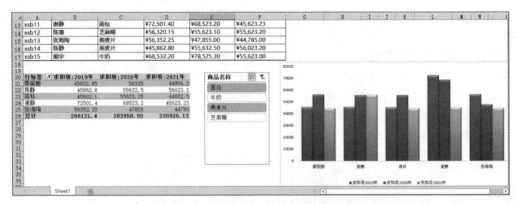

图11-32　销售数据统计分析表的最终效果